大型飞机容错飞行控制

Fault tolerant flight control for transport aircraft

岑 飞 殷 春 郭天豪 高 延 著

北京理工大学出版社
BEIJING INSTITUTE OF TECHNOLOGY PRESS

内容提要

本书从近几十年来因故障或机体结构损伤导致的航空事故出发,详细地分析了大型飞机典型故障及结构损伤的类型和特征,系统地阐述了典型故障及结构损伤飞机的气动力试验、故障建模、飞行动力学分析方法,并针对舵面卡死、舵面损伤、单发失效等情况,开展容错飞行控制设计及仿真研究,利用大量的理论分析、飞行仿真与试验结果来说明容错控制系统的设计和控制效能。同时,利用国内首创的风洞模型飞行试验平台和技术,开展容错控制模型飞行试验验证,支撑大型飞机飞行失控预防、飞行模拟训练和飞行事故分析等研究,从而提高飞机飞行安全性。

本书内容涉及大型飞机故障和结构损伤条件下的风洞试验、气动力建模、飞行动力学分析、非线性飞行控制和模型飞行试验等,工程实用特色明显。书中针对典型故障和结构损伤飞机建立的标准气动模型、动力学模型,可作为从事该领域研究和教学工作的标准研究模型,尤其是结构损伤飞机气动力模型填补了国内该方面的数据空白;书中的容错飞行控制方法,经过风洞模型飞行试验验证,推进了方法的工程实用化,具有广泛的应用前景和参考价值。

本书可为我国大型飞机容错控制研究提供有益借鉴,也可对从事飞机飞行安全研究的科研工作者有所帮助。

版权专有　侵权必究

图书在版编目(CIP)数据

大型飞机容错飞行控制 / 岑飞等著. -- 北京:北京理工大学出版社,2024.6
ISBN 978-7-5763-3725-9

Ⅰ.①大… Ⅱ.①岑… Ⅲ.①飞行控制系统—容错系统—研究 Ⅳ.①V249

中国国家版本馆 CIP 数据核字(2024)第 059223 号

责任编辑：王梦春	文案编辑：辛丽莉
责任校对：周瑞红	责任印制：王美丽

出版发行 / 北京理工大学出版社有限责任公司
社　　址 / 北京市丰台区四合庄路 6 号
邮　　编 / 100070
电　　话 / (010)68914026(教材售后服务热线)
　　　　　(010)68944437(课件资源服务热线)
网　　址 / http://www.bitpress.com.cn
版 印 次 / 2024 年 6 月第 1 版第 1 次印刷
印　　刷 / 北京紫瑞利印刷有限公司
开　　本 / 710 mm×1000 mm　1/16
印　　张 / 11.5
字　　数 / 222 千字
定　　价 / 68.00 元

图书出现印装质量问题,请拨打售后服务热线,负责调换

作者简介

岑飞，男，1986年1月出生，工学博士，中国空气动力研究与发展中心低速空气动力研究所副研究员、硕士生导师。2020年获清华大学控制科学与工程专业博士学位，2017—2018年英国布里斯托大学访问学者。主要从事飞行模拟技术、非线性动力学与容错飞行控制等研究。荣获部委级科技进步一等奖1项，国家发明专利授权21项，发表学术论文30余篇，出版著作3部。

殷春，女，1986年4月出生，理学博士，电子科技大学教授，博士生导师，四川省杰出青年基金获得者。入选电子科技大学"百人计划"，四川省学术和技术带头人后备人选，四川省、重庆市科技专家库成员，斯坦福大学全球前2%顶尖科学家榜单，2011-2013年美国加州大学、犹他州立大学访问学者。主要从事航天装备检测技术、先进光学测量仪器等研究工作。目前主持国家级、省部级等科研项目经费1 300万，荣获省部级科技进步一等奖2项，发表SCI论文80余篇，ESI高被引论文5篇，ESI热点3篇，个人H指数25，谷歌学术引用超2 500次，授权发明专利30余项，其中包含美国发明专利5项。

路虽远,行则将至;事虽难,做则必成

前言

飞机的安全性一直是各国航空领域持续关注的热点问题。在商用民机航空事故中，不乏因飞机操纵面故障、发动机故障、机体结构损伤引发的飞行失控事故，其诱因包括碰撞外力冲击、金属疲劳断裂、机身蒙皮材料老化破损、飞行员操作不当或极端天气导致飞机结构超出最大负载能力、爆炸物破坏和武器攻击等。这些故障及结构损伤会对飞机的气动、操稳、控制与飞行性能产生很大的影响，对飞行安全造成严重威胁。因此，有必要系统分析典型故障及结构损伤条件下飞机的气动特性、动力学特性和飞行性能，深入研究容错飞行控制方法，最大限度地发挥飞机性能又有效保证系统安全，这对于提高飞机飞行安全性具有重要的现实意义。

在这个背景下，近 5 年来，作者所在的研究团队围绕大型飞机突发故障或结构损伤情况下的气动、动力学与控制特性开展了系统研究，研究内容涉及大型飞机故障和结构损伤条件下的风洞试验、气动力建模、飞行动力学分析、非线性飞行控制和模型飞行试验等。本书作为该研究工作的总结，主要从近几十年来因故障或机体结构损伤导致的航空事故出发，详细地分析了大型飞机典型故障及结构损伤的类型和特征，系统地阐述了典型故障及结构损伤飞机的气动力试验、故障建模、飞行动力学分析方法，并针对舵面卡死、舵面损伤、单发失效等情况，开展容错飞行控制设计及仿真研究，利用大量的理论分析、飞行仿真和试验结果来说明容错控制系统的设计和控制效能。同时，利用国内首创的风洞模型飞行试验平台和技术，开展容错控制模型飞行试验验证，支撑大型飞机飞行失控预防、飞行模拟训练和飞行事故分析等研究，希望借此为提高大型飞机飞行安全性提供有益借鉴。

  本书在写作上结合具体案例，尽可能地以图文并茂、循序渐进的方式展现，以体现工程实用特色，希望借此能够抛砖引玉，给读者启迪与收获，以期在下一步的工作中共同应用和推广。在本书撰写过程中，得到了研究团队成员的大力支持。杨宇博士参与撰写第 2 章内容，王旭博士参与撰写第 4 章内容，蒋永、张磊、吴金华、任忠才、朱任宇等参与完成了本书相关的风洞试验和数据分析等大量工作，刘志涛正高级工程师、聂博文高级工程师给予了技术指导和大力支持，在此一并表示诚挚的感谢！

  由于作者水平有限，本书在内容编排和技术观点阐述等方面难免有不妥和错误之处，希望读者以批判的态度去阅读和参考，并及时批评指正。

岑飞 殷春
2024 年 4 月

目 录

第 1 章 绪论 001

- 1.1 背景与意义……………………………1
- 1.2 国内外研究现状………………………3
- 1.3 本书结构与内容安排………………12
- 参考文献…………………………………14

第 2 章 大型飞机故障及结构损伤类型 017

- 2.1 典型航空事故案例…………………17
- 2.2 典型故障及结构损伤分类…………20
  - 2.2.1 航空电子和传感器故障……20
  - 2.2.2 操纵面故障…………………20
  - 2.2.3 动力系统故障………………21
  - 2.2.4 结构损伤故障………………22
- 2.3 典型故障及结构损伤对飞行控制的影响…………………………23
- 参考文献…………………………………24

第 3 章 飞机故障及结构损伤数学模型 025

- 3.1 飞机故障及结构损伤描述…………25
- 3.2 结构损伤飞机气动力获取方法……27
  - 3.2.1 结构损伤飞机气动力计算…27
  - 3.2.2 结构损伤飞机气动力风洞试验……………………………31
- 3.3 结构损伤飞机静动态气动力特性与建模……………………………35
  - 3.3.1 静动态气动力特性…………35
  - 3.3.2 气动力数学模型……………43

3.4 结构损伤飞机运动方程……………44
 3.4.1 正常状态刚体运动方程……44
 3.4.2 故障状态刚体运动方程……47
参考文献………………………………48

第 4 章 故障及结构损伤飞机动力学与飞行性能
051

4.1 基于小扰动线性化的飞行性能…51
 4.1.1 非线性六自由度模型的配平…51
 4.1.2 基于小扰动线性化的结构损伤飞机飞行性能分析………54
4.2 基于可达平衡集的平衡特性及稳定性………………………………63
 4.2.1 可达平衡集计算方法………63
 4.2.2 结构损伤飞机可达平衡集…66
4.3 基于分岔分析的全局稳定性……78
 4.3.1 分岔分析方法………………78
 4.3.2 结构损伤飞机全局稳定性分析…………………………81
4.4 故障及结构损伤飞机的控制可重构性分析…………………………87
参考文献………………………………90

第 5 章 飞机舵面损伤自适应容错控制
091

5.1 引言……………………………91
5.2 基于反步滑模控制的自适应容错方法…………………………92
 5.2.1 方法概述……………………92
 5.2.2 自适应积分滑模控制器设计…94
 5.2.3 自适应积分滑模控制器稳定性证明…………………………96
5.3 基于滑模观测器的自适应容错控制…………………………………98
 5.3.1 方法概述……………………98

5.3.2 滑模故障观测器设计……99
5.3.3 滑模故障观测器稳定性
证明……100
5.3.4 动态面滑模控制器设计……101
5.3.5 动态面滑模控制器稳定性
证明……103
5.4 固定翼飞机舵面损伤 Simulink
仿真……103
参考文献……109

第 6 章 飞机舵面卡死容错控制 111

6.1 引言……111
6.2 舵面故障问题的模型建立……112
6.3 基于伪逆方法的容错控制器
设计……113
    6.3.1 伪逆法重构控制……113
    6.3.2 操纵面卡死时混合控制器
设计……115
6.4 基于模型跟随法的容错控制器
设计……116
    6.4.1 模型跟随法重构控制……116
    6.4.2 模型跟随法控制器设计……117
6.5 固定翼飞机方向舵卡死 Simulink
仿真……119
参考文献……124

第 7 章 飞机单发失效容错控制 127

7.1 引言……127
7.2 单发失效问题描述……128
    7.2.1 系统描述……128
    7.2.2 控制目的……129
7.3 重构飞行控制系统……130
    7.3.1 单发失效情况下的控制律
重构方法……131

7.3.2 故障时受力平衡条件分析·134
7.4 控制律重构设计方法……………135
 7.4.1 策略一 机翼向工作发动机一侧倾斜，无侧滑飞行……135
 7.4.2 策略二 机翼保持水平，带侧滑飞行……………136
 7.4.3 策略三 机翼向工作发动机一侧倾斜，带侧滑飞行……137
 7.4.4 控制器设计……………138
7.5 固定翼飞机单发失效 Simulink 仿真…………………142
参考文献…………………148

第 8 章 容错控制风洞模型飞行试验

8.1 风洞模型飞行试验概述………151
8.2 容错控制风洞模型飞行验证……154
 8.2.1 容错控制风洞虚拟飞行验证平台……………154
 8.2.2 正常飞行控制律验证………156
 8.2.3 故障状态飞行容错控制律验证……………158
参考文献…………………161

第 9 章 总结与展望

9.1 总结……………163
9.2 展望……………166
 9.2.1 研究局限与挑战……………166
 9.2.2 学习飞行技术……………168

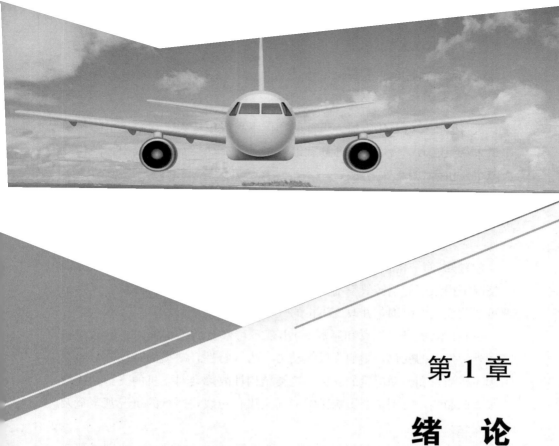

第 1 章

绪 论

1.1 背景与意义

飞机的安全性一直是各国航空领域持续关注的热点问题。在商用航空领域，空客的研究报告[1]指出 2012—2021 年这 10 年间的商用飞机航空事故中，飞行失控是导致灾难性事故最主要的因素，在全部空难事故原因中的比例最高，为 25%。国际民用航空组织（ICAO）公布的统计数据报告[2]显示，飞行失控在 2013 年全部空难事故原因中的比例高达 60%。造成飞行失控的诱因多种多样，如恶劣天气、驾驶员误操作、机械故障、撞鸟、材料老化、结构金属疲劳或武器攻击等，其中，不乏因飞机操纵面或机体的结构性故障引发的航空事故，其诱因包括碰撞外力冲击、金属疲劳断裂、机身蒙皮材料老化破损、飞行员操作不当或极端天气导致飞机结构超出最大负载能力、爆炸物破坏和武器攻击等。在这类空难事故中，结构性故障主要包括以下三种类型。

(1) 操纵机构故障导致的操纵面卡死、松浮、饱和等。这类故障使得部分或全部操纵面失效，导致操纵面的效能降低，略微改变飞机气动特性。

(2) 操纵面结构损伤即操纵面缺损，严重情况下完全缺失。在部分缺失情况下操纵面的偏转效率不变，但产生力和力矩的效率将降低。这种情况可能改变工作范围，并改变飞机的气动特性。

(3) 机体(机身、机翼和尾翼等)出现不可修复的结构损伤，导致飞机气动外形发生的变化，影响飞机气动力和力矩特性，缺损的结构部分也会引起飞机质量和转动惯量的变化。这类结构性故障会对飞机的飞行性能产生很大的影响，特别是会影响正常的安全飞行包线，严重的情况甚至危及飞行安全。

对于小型战术型作战飞机(如战斗机等)而言，这些故障(特别是严重的机体结构损伤)容易使飞机失稳、失控，且不再具备失控改出能力。但是对于大型作战飞机(如战略轰炸机、大型军用运输机、加油机等)而言，由于其机体几何尺寸大、机载分布式系统的特性，以及设计时飞机本体固有稳定性较高等优势，在遭遇上述故障/损伤时，可以较大概率地保持一定程度的气动/结构完整性和飞行状态可控性，具备继续飞行或安全返航的潜力，而不致于引起灾难性事故。因此，对于大型飞机，有必要系统地研究典型故障及结构损伤条件下飞机本体的气动特性和飞行性能，正确了解和评估飞机健康状况、当前能力，有利于进行正确的决策和规划，优化重构控制性能，最大限度地发挥飞机性能且有效保证系统安全，这对于提高大型飞机战场生存能力、保证继续执行战斗任务或者安全返航等方面具有重要的现实意义和军事价值。

容错飞行控制系统的研究是为了让飞行控制系统在面对各种异常情况时能够保持稳定，提高飞机的可靠性和可维护性。同时，通过降低寿命周期费用、提高飞机的生存性以及减轻驾驶员的负担等方面来提升整个航空产业的效益。目前，容错飞行控制系统的理论正在蓬勃发展中，各国航空界也将其视为主要研究课题。在过去的几十年中，随着飞机的不断升级和技术的不断进步，对容错飞行控制系统的需求也越来越大。因此，研究员们在探索新的控制算法和系统架构的同时，还在不断地进行试验验证和仿真模拟等工作，以期能够为未来的航空技术发展做出更大的贡献。

尽管近几十年来故障诊断和容错控制引起人们广泛关注并取得大量研究成果，然而，对于故障后飞机飞行性能退化情况如何，系统是否可重构，重构后能否达到预定的控制目标，如何确定故障后系统可行状态空间和重构的最佳工作点，如何基于性能约束信息进行重构优化等关键理论问题的研究仍面临重大挑战，特别是针对飞机结构性故障情况下系统的控制可重构性研究正处于起步阶段。

1.2 国内外研究现状

有关飞机结构性故障的研究，从 20 世纪 80 年代开始，已经发展超过 40 年时间，从最早的主要关注故障诊断与飞行控制重构，逐渐发展到导航系统重构，以及包含飞行性能约束的任务重规划等。近年来，随着高度自主飞机的发展和计算机计算能力的提高，研究热点逐步发展到复杂结构性故障的诊断、动态安全飞行包线的在线预测、以实时飞行性能为约束的在线路径重规划等方面，而有关控制可重构性的分析，尚未针对飞机结构性故障情况进行研究。以下针对与结构性故障相关的研究案例以及相关研究成果进行论述。

1984 年，美国空军莱特试验室受以色列空军一架 F-15 战斗机在机翼缺损条件下成功安全着陆事件的启发，发起自修复飞行控制系统（Self-repairing Flight Control System，SRFCS）项目。该项目先是在先进战斗机技术集成 F-16（AFTI/F-16）仿真平台上对系统进行仿真验证，而后在 1989—1990 年使用 NASA F-15 测试平台进行了飞行测试[3]。对研究的故障类型而言，该项研究主要面向操纵面卡死、松浮以及因操纵面局部损伤引起的部分失效等情况；在研究内容方面，主要涉及操纵面故障诊断、基于伪逆控制分配的重构飞行控制系统研究和基于专家系统的维护性诊断等；在故障引起的飞行性能变化的评估与应用方面，采用的方式是预先建立起基于故障的机动性能、飞行包线和任务限制数据表，在飞行过程中以故障诊断结果作为索引，获取故障后的飞行性能数据，应用于驾驶员主动预警模块（positive pilot alert module），用于驾驶员平显（HUD）和多功能显示（MFD），以向驾驶员提供有关故障和故障后的性能告警信息。在 SRFCS 项目后，美国航空航天局（NASA）又开始开展智能飞行控制系统（intelligent flight control system，IFCS）的研究[4]，使用 NASA NF-15B 平台进行了飞行测试。在第一阶段使用离线训练的神经网络，1996—1999 年完成大量飞行试验；在第二阶段对神经网络进行在线训练，验证了在水平安定面因结冰或故障卡死等条件下系统的容错控制功能[5,6]，2003—2006 年进行了多次飞行试验。同期开展的基于神经网络自适应控制的研究项目还有无尾战斗机可重构系统（RESTORE），是美国空军、波音和 NASA 合作开展的研究计划，验证飞行使用 X-36 战斗机[7]。这两个研究项目主要关注基于人工神经网络的直接自适应控制方法，不依赖于故障诊断，不评估故障后飞机性能下降情况，而是采用直接自适应控制，使飞机在突发故障后，通过自适应控制方法，试图使飞机保持原有控制性能。

图 1-1 给出了早期故障飞行试验验证平台。这个时期的故障研究进行了多种飞行测试，但总体而言，所测试的故障都相对较为简单，未涉及复杂的结构性故障问题，同时，重点在于故障诊断、故障情况下的控制重构以及一些自适应控制方法的应用研究，尚未涉及故障情况下的自主航迹规划与导航系统的重构问题。

从 21 世纪初开始，随着飞机故障研究的深入，特别是人们开始关注飞机机体结构损伤问题，除了在真实飞行平台上进行的故障飞机的飞行验证，一些基于高精度动力学模型仿真平台的飞机故障研究也取得了非常丰富的研究成果。由于在真实飞行中出于安全性的考虑，只能模拟操纵面卡死、部分失效和松浮等比较有限的故障类型，对飞机本身并没有造成真正

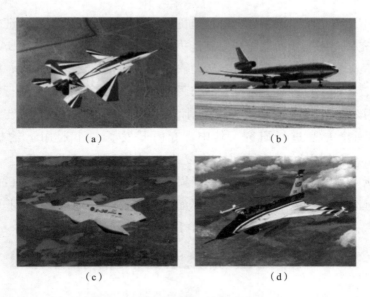

图 1-1 早期故障飞行试验验证平台
(a)IFCS NF-15B；(b)PCA MD-11；(c)RESTORE X-36；(d)VISTA F-16

的破坏。因此，前文中提到的飞行测试验证研究基本局限于操纵面故障，对机体损伤等故障研究较少。依赖于风洞试验、建模和飞行仿真技术，欧洲和美国等陆续支持了相关项目研究，持续关注飞机结构性故障条件下的飞行安全问题，典型的包括欧洲航空研究技术组(GARTEUR)RECOVER项目和NASA ASP项目。2004—2008年，在欧洲GARTEUR项目框架下，来自工业界、大学和研究所[含空客、荷兰代尔夫特(Delft)理工大学、德国宇航中心(DLR)、荷兰国家航空航天试验室(NLR)等]的13家机构的科研人员组成团队FM-AG16，针对波音B747-100/200高精度模型[8]，基于航空事故中飞行记录数据对飞机损伤进行建模[9]（图1-2），开展容错飞行控制研究，以降低飞行事故率，提高飞机的生存能力。该项目在结构性故障研究方面的最大特点是开始深入关注飞机机体结构损伤情况下的气动特性，进行结构损伤气动力建模，并开展了气动力模型实时辨识的研究[10]，探讨结构性损伤情况下的飞行性能评估问题。该研究特别指出，根据飞机故障或性能退化情况进行动态的飞行包线限制异常重要，动态飞行包线保护应集成到任何一个容错控制系统中，这不仅可以确保在性能下降的情况下使飞机状态始终处于可控范围内,而且可以使飞机在保证安全的前提下充分利用剩余的性能和控制能力边界[11]。同期开展的 NASA Aviation Safety Program 研究项目,从运输类飞机的一体化健康管理、智能飞行座舱、弹性飞行控制、飞机寿命与耐久性等方面系统地研究飞行安全问题[12],该项目在集成自适应飞行控制计划中将动态飞行包线估计与预测方法作为一个专题进行研究。其中,专门开发了一个通用运输机模型(GTM),以验证控制失稳预防与恢复技术。该模型为双发动机、5.5%的缩比模型,如图 1-3 所示,其开展了损伤模型风洞试验,测定了机翼、水平安定面和垂尾在缺损不同比例和翼面上开洞条件下的气动参数[13,14],还开发了一套飞机飞行系统 AirSTAR,用于飞行验证[15]。

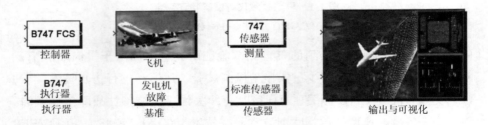

图 1-2 欧洲航空研究技术组 GARTEUR RECOVER 项目

该研究工作主要关注了运输类飞机在受到肩扛便携式导弹攻击造成结构性损伤情况下的气动特性和飞行动力学特性,利用风洞试验进行气动力建模和飞行动力学分析,通过开展飞行模拟器验证的方法对结构性损伤情况下飞机的机动能力进行了评估,基于结构性故障情况下的飞机性能和飞行模拟器仿真手段获得了部分结构性故障条件下的最佳飞行操纵方法或操控建议[14]。

近几年来,关于飞机结构性故障的研究焦点逐渐转移到故障后的气动参数的实时辨识、飞动性能(安全飞行包线与机动性能)的在线评估方面,从而为以当前飞行性能为约束的导航系统重构和在线路径重规划奠定基础,深化自主飞机的自学习、自适应与自修复功能。典型的如 NASA 学

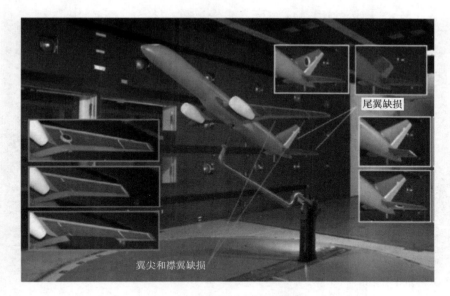

图 1-3　NASA Langley 研究中心通用运输机故障损伤试验

习飞行(Learn-to-Fly)研究项目(图1-4)和麻省理工学院(MIT)关于智能自治飞机(self-aware aerospace vehicle)的研究。NASA Langley 研究中心目前正在进行的 Learn-to-Fly 项目,主要依托实时飞行参数辨识技术和先进飞行控制方法,形成一个从风洞试验、飞行仿真到模型飞行试验的快速验证解决方案[16],实现气动力实时建模[17,18],最终目的仍然是为开展飞机在线故障诊断、健康管理、飞行包线保护和自适应控制研究做准备。目前已经完成气动力模型和参数的在线辨识研究。在 MIT 智能自治飞机研究中,通过在飞机机翼及机身各处安装结构应力传感器监测飞机结构健康状态(图1-5),研究内容涉及自治飞机四大关键技术:

(1)飞机状态参数测量,包括飞机内部结构健康参数、外部飞行条件、飞行姿态与位置等测量信息;

(2)将传感器原始测量数据信息转换为飞机当前健康状态的特征信息;

(3)基于当前健康特征信息,进行飞行性能评估,获得飞机飞行性能定量化指标;

(4)以飞行性能的变化情况为约束条件,进行在线的路径重规划。

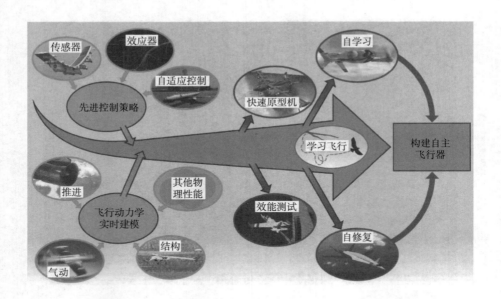

图 1-4 NASA Langley 开展的 Learn-to-Fly 项目

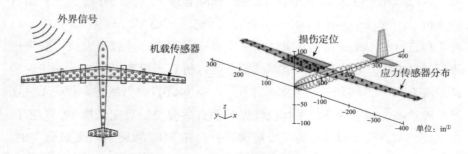

图 1-5 飞机结构健康状态监测

该研究通过综合利用离线的飞行性能计算结果和飞机健康状态监测、故障辨识结果，进行飞机性能的在线评估[19]、动态飞行包线保护[20]和路径规划[21]（图 1-6）等，提高飞行安全性和飞机生存能力。

容错飞行控制技术在先进飞机设计方面的应用研究受到了工业发达国家的高度重视。早在国外研究机构开始这方面的研究工作时，就先后在验

---

① 1 in=2.54 cm。

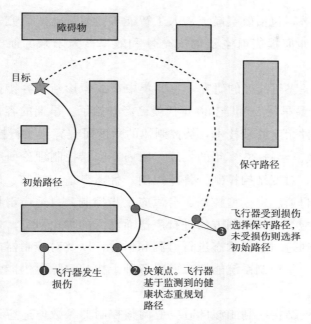

图 1-6　基于飞行性能的路径在线重规划

证机和无人机上对容错控制技术的各项关键技术进行了全方面的飞行试验和评估，取得了令人鼓舞的结果。现在，容错的概念已经深入当代各种新型飞机的设计过程。在各种先进战斗机和航天飞机的研制中，都包含了容错控制功能的要求。所有新型飞机都需要具备自主维护和控制重构的能力。一些大型飞机和先进民用客机上也都采用了容错控制技术，如空客A320NEO作为一款采用先进技术的商用客机，配备了容错控制系统。能够在一个发动机出现故障的情况下，其他发动机可以自动接管失去动力的区域，以维持飞机平衡并安全降落。此外，该飞机还具有"自动飞行控制系统"，可以在飞行员失去对飞机的控制时，自动执行一系列操作以确保安全；Embraer 100系列采用了容错控制系统来提高飞行安全性。在起飞过程中，如果出现发动机失效的情况，飞机的自动驾驶系统将自动调整飞行姿态和高度，以确保飞机安全着陆。另外，NASA的"飞翼"项目、欧洲航天局的"智能飞机"项目和波音公司的"飞行员辅助功能"项目，都旨在积极研究大型飞机或先进民用客机上采用容错控制技术。这些研究涉及多个领域，包括航空航天、人工智能等。通过这些研究，人们可以更好地了解如何提高航空器的安全性和效率，为未来的航空发展做出贡献。

国内有关飞机故障的研究，主要集中在故障诊断与容错控制方法研究方面[22]，最早从20世纪80年代就已经开始了。早期的容错飞行控制主要关注硬件余度管理技术，从控制律的角度研究容错飞行控制始于20世纪90年代。经过30多年的发展，国内在容错控制理论研究方面与国外基本同步，对变结构控制、鲁棒控制、鲁棒自适应控制、模型参考自适应控制、自适应多模型控制、自适应反步控制、自适应滑模、终端滑模和控制分配等容错控制方法进行广泛而深入的理论研究。这些方法的基本思想是通过对系统状态进行监测和估计，以及对控制器的参数进行自适应调整，使控制系统能够在面对各种干扰和故障时仍能保持稳定和有效的控制。

其中，变结构控制能够自适应地调整控制器参数以适应系统状态变化。在大型飞机的飞行控制中，由于飞机的状态可能会受到各种因素的影响而发生变化，因此，与传统的固定结构控制相比，变结构控制可以应用于多种不同的控制任务和环境，例如飞机的姿态控制、航向控制、高度控制等。

鲁棒自适应控制能够自适应地调整控制器参数以适应系统状态变化。在大型飞机的飞行控制中，由于飞机的状态可能会受到各种因素的影响而发生变化，因此使用鲁棒自适应控制可以使控制器更加灵活，从而提高控制系统的性能。此外，鲁棒自适应控制还可以与其他控制方法相结合，例如变结构控制、模型参考自适应控制等，以进一步提高控制系统的性能和鲁棒性。

模型参考自适应控制是一种基于模型的自适应控制方法。它通过比较实际系统状态和期望状态之间的差异来调整控制器参数，从而实现对未知系统的有效控制。在大型飞机的飞行控制中，模型参考自适应控制可以应用于多种不同的系统和环境，例如飞机的气动系统、电气系统、液压系统等。

自适应多模型控制利用多个模型对系统进行建模，并根据系统的实际情况选择合适的模型来进行控制。在大型飞机的飞行控制中，自适应多模型控制方法可以有效地应对各种不同的干扰和故障情况，从而提高控制系统的鲁棒性和稳定性。例如，当某个传感器出现故障时，自适应多模型控制方法可以选择其他可用的传感器来估计系统状态，从而保证控制系统的正常运行。

自适应反步控制通过在线估计系统模型的动态特性，并根据实时测量值进行反馈调整控制器参数，从而实现对系统的精确控制。此外，自适应反步控制还可以与其他控制方法相结合，如模型参考自适应控制、变结构控制等，以进一步提高控制系统的性能和鲁棒性。

终端滑模控制通过在线估计系统模型的动态特性，并根据实时测量值进行反馈调整控制器参数，从而实现对系统的精确控制。与传统的滑模控制相比，终端滑模控制具有更高的鲁棒性和精度。控制分配可以将一个复杂的控制系统分解成多个子系统，并将每个子系统的控制任务分配给不同的控制器。终端滑模控制和控制分配可以相互结合，以实现更高效的控制。在大型飞机的飞行控制中，可以使用终端滑模控制来实现对飞机的精确控制，同时使用控制分配来实现对多个发动机、舵面等子系统的协同控制。

这些研究已经在大型飞机、临近空间飞机、四旋翼、航天器等系统的容错控制应用中取得了丰富的成果。例如，在临近空间飞机上，变结构控制技术可以使飞机在复杂的飞行环境中保持稳定的飞行轨迹；在四旋翼上，鲁棒控制技术可以帮助四旋翼在强风和复杂的气象条件下保持稳定；在航天器上，自适应控制技术可以实现对航天器的精确控制和导航。这些成果不仅提高了系统的性能，也为未来的飞机研发提供了重要的技术支持。

近年来，容错控制技术得到了迅速发展，尤其是先进自适应技术、鲁棒控制技术和智能控制技术在容错控制领域得到了进一步应用。尽管故障诊断与容错控制的概念得到非常广泛的研究，提出了大量的方法和算法，但是还有一些比较深层的理论问题没有解决，这制约了容错控制的应用。例如,如何将容错控制与其他先进技术相结合,以提高整个系统的性能;如何在不同的环境和条件下实现高效的容错控制等。此外,由于容错控制系统通常需要处理复杂的非线性和时变系统模型,因此,如何设计有效的容错控制算法也是一个重要的挑战。另外,虽然大量的工程问题已经通过就事论事的工程化方法来解决,但是缺乏广泛的适用性。因此,未来的研究应该更加注重理论和实践的结合,探索新的容错控制方法和技术,并将其应用于更广泛的领域和场景中。只有这样,才能更好地满足未来航空器对可靠性和安全性的要求。

特别是,关于结构性故障对飞行性能的影响以及结构性故障下飞行性能的在线评估方面的研究处于刚刚起步阶段,近几年取得了一些研究成果[23~27]。而目前,国内外关于可重构性在航空领域的研究尚处于初步阶段,在现有文献中,针对飞机结构性故障情况下的可重构性研究鲜有论述。

从上述发展回顾和现状总结可以看出,长期以来飞机故障一直是国外航空飞行控制研究的热点,美国和欧洲投入大量资金持续支持相关项目研究。目前,研究主要向几个方向发展:一是在研究手段上,着力建立从风洞试验、飞行仿真到模型飞行试验的快速解决途径,在该框架下开展相关关键技术研究;二是在研究目标方面,从简单故障扩展到机体结构性损伤等方面研究,从飞行控制内回路重构向导航系统重构方面扩展;三是在研究内容方面,开始关注有关故障损伤情况下的飞行性能的离线与在线评估以及飞行性能变化情况下的导航系统重构与路径重规划等问题。

1.3 本书结构与内容安排

本书针对大型飞机容错飞行控制问题,从典型结构性故障下飞机本体气动与运动特性基础问题出发,开展面向结构性故障的研究方法体系构建、故障状态下的气动力建模与动力学分析、容错控制律设计和验证工作。本书结构与内容安排如下。

第1章说明了大型飞机结构性故障问题研究的迫切需求、概念内涵和研究难点，综述了大型飞机结构性故障研究现状，对结构性故障研究难点和发展方向进行总结和分析，提出了本书的主要研究内容和研究框架。

第2章阐述了大型飞机典型故障类型，结合部分航空事故案例，分析了典型故障分类，以及相关故障对飞行控制的影响。

第3章结合国际通用运输机研究模型，给出典型故障及结构损伤条件下的气动力特性、数学模型和飞机运动方程，为容错飞行控制研究奠定基础。

第4章分析了典型故障和结构损伤飞机的动力学特性和飞行性能，包括基于小扰动线性化的飞行性能分析、基于可达平衡集的平衡特性及稳定性、基于分岔分析的全局稳定性分析和控制系统可重构性分析等。

第5章针对固定翼飞机的舵面损伤故障分别提出了基于反步滑模控制的自适应容错方法和基于滑模反演的主动容错控制方法，结合飞机舵面损伤故障的数学模型，设计了姿态控制律，并给出了稳定性证明。

第6章针对舵面卡死故障分别采取伪逆容错控制方法以及模型跟随容错控制方法进行飞行控制律的重构，使飞行系统能够在一定的舵面卡死范围内保持稳定，并通过仿真验证了容错控制方法的可行性和稳定性。

第7章针对单发失效故障提出了平衡偏航力矩的三种控制策略，依此设计了相应的重构控制律，并通过仿真验证了三种方法的可行性和稳定性，均具有应对故障情况的容错能力。

第8章介绍了容错飞行控制系统的飞行试验验证平台，利用风洞模型飞行试验对典型故障进行了缩比模型飞行试验验证。

第9章进行了总结和展望。

参 考 文 献

[1] BOEING AVIATION SAFETY GROUP. Statistical summary of commercial jet airplane accidents, worldwide operations, 1959—2021 [R]. Washington: Boeing Commercial Airplanes, 2022.

[2] INTERNATIONAL CIVIL AVIATION ORGANIZATION. Safety Report[R]. 2014 ed. Montreal: ICAO, 2014.

[3] US AIR FORCE Self-Repairing flight control system overview [R]. Dayton: Wright-Patterson Air Force Base, 1988.

[4] JAMES E T. The story of self-repairing flight control system [R]. NASA Dryden Flight Research Center, 2003.

[5] WILLIAMS-HAYES P S. Flight test implementation of a znd generation intelligent flight control system [J]. AIAA, 2005: 26-29.

[6] BOSWORTH J T, WILLIAMS-HAYES P S. Stabilator failure adaptation from flight tests of NF-15B intelligent flight control system [J]. Journal of Aerospace Computing, Information, and Communication, 2009, 6(3): 187-206.

[7] BRINKER J S, WISE K A. Flight testing of reconfigurable control law on the X-36 tailless aircraft [J]. Journal of Guidance, Control, and Dynamics, 2001, 24(5): 903-909.

[8] HANKE C R. The simulation of a large jet transport aircraft Volumn I: Mathematical model [R]. Washinton: Technical Report, NASA CR-1756, 1971.

[9] SMAILI M, MULDER J, INSTITUTIONS F. Flight data reconstruction and simulation of the 1992 Amsterdam Bijlmermeer airplane accident [C]. Proceedings of AIAA Modeling and Simulation Technologies

Conference and Exhibit, Denver, CO, 2000.

[10] HUISMAN H O, CHU Q P, MULDER J A etal. Nonlinear reconfiguring flight control based on online physical model identification [J]. Journal of Guidance, Control, and Dynamics, 2009, 32(3).

[11] EDWARD SC, LOMBAERTS T SMAILI H. Fault-tolerant flight control[M]. Springer-Verlag Berlin Heidelberg, 2010.

[12] WHITE J. NASA's aviation safety program [C]. 44th Annual AIAA Aerospace Sciences Meeting, Reno, Nevada, January 2006.

[13] SHAH G H. Aerodynamic effects and modeling of damage to transport aircraft [C]. Proceedings of AIAA Atmospheric Flight Mechanics Conference and Exhibit, Honolulu, Hawaii, 2008.

[14] SHAH G H, HILL M A. Flight dynamics modeling and simulation of a damaged transport aircraft [C]. Proceedings of AIAA Modeling and Simulation Technologies Conference, Minneapolis, Minnesota, 2012.

[15] JORDAN T L, FOSTER J V, BAILEY R M, et al. AirSTAR: A UAV platform for flight dynamics and control system testing [C]. Proceedings of 25th AIAA Aerodynamic Measurement Technology and Ground Testing Conference, San Francisco, California, 2006.

[16] BRANDON J, EUGENE A M. Learn-to-fly project overview [C]. Aerospace Control and Guidance Systems Committee Meeting, 2014.

[17] JAY M BRANDON1, EUGENE A M. Real-time onboard global nonlinear aerodynamic modeling from flight data [C]. AIAA Atmospheric Flight Mechanic Conference, 2014.

[18] EUGENE A M. Real-time global nonlinear aerodynamic modeling for learn-to-fly [C]. AIAA Atmospheric Flight Mechanics Conference, 2016.

[19] ISAAC B, ALLAIREY D. A dynamic data-driven approach to optimal online learning for online flight capability estimation [C]. 18th AIAA Non-Deterministic Approaches Conference, 2016.

[20] LECERF M, ALLAIRE D, WILLCOX K. A dynamic data-driven approach to online flight envelope updating for self-aware aerospace vehicles[C]. 16th AIAA Non- Deterministic Approaches Conference, 2014.

[21] SINGH V, WILLCOX K E. Methodology for path planning with dynamic data-driven flight capability estimation[C]. 17th AIAA/ISSMO Multidisciplinary Analysis and Optimization Conference, 2016.

[22] LI Q, GUO S F. Analysis and simulation of control mixer concept for a control reconfigurable aircraft[J]. Transactions of Nanjing University of Aeronautics & Astronautics, 1995, 12(2): 180-184.

[23] 李清, 沈春林, 郭锁凤. 自修复飞行控制系统舵面/作动器故障检测与隔离[J]. 航空学报, 1997, 18(6): 693-697.

[24] 邵华章, 杨振宇, 陈宗基. 伪逆法在飞行控制律重构中的应用[J]. 控制与决策, 1999, 14(3): 281-284, 288.

[25] 刘小雄, 邱岳恒, 刘世民, 等. 操纵面故障对飞行包线的影响研究[J]. 飞行力学, 2012, 30(02): 128-131.

[26] 吴彦鹏, 王新民, 吴莹, 等. 基于凸多面体的结构性故障模型对飞行包线影响研究[J]. 科学技术与工程, 2013(31): 9246-9251.

[27] 刘小雄, 孙逊, 唐强, 等. 飞机机翼故障的动态飞行包线估算方法[J]. 北京航空航天大学学报, 2013, 39(11): 1515-1519.

[28] 王娟, 刘小雄, 孙逊, 等. 基于优化配平的机翼故障飞机飞行性能分析[J]. 计算机工程与应用, 2014, 50(23): 229-233.

第 2 章
大型飞机故障及结构损伤类型

2.1 典型航空事故案例

飞机故障的形式多种多样，典型的故障有操纵面故障、发动机故障/脱落、机翼或尾翼局部损伤等。尤其对于结构损伤，由于其复杂的诱因，比如碰撞外力冲击、金属疲劳断裂、机身蒙皮材料老化破损、飞行员操作不当或极端天气导致飞机结构超出最大负载能力、爆炸物破坏和武器攻击等，难以对结构损伤所有情况都进行预测和研究。因此，下面梳理了部分因动力系统、作动器故障或结构损伤导致的航空事故（表2-1），比较典型的事故如下所述[1~6]。

表 2-1 部分因动力系统、作动器故障或结构损伤导致的航空事故

航班编号	日期	机型	事故原因
达美航空 1080	1977/4/12	L-1011	左侧升降舵卡死
美国航空 191	1979/5/25	DC-10	1 号发动机脱落
维德勒航空 933	1982/3/11	DHC-6	垂直安定面和方向舵故障
俄罗斯航空 8641	1982/6/28	Yak-42	水平安定面失效
中华航空 006	1985/2/19	B747SP-09	4 号发动机熄火，舵面受损
日本航空 123	1985/8/12	B747SR-46	垂尾脱落，液压失效
美国航空 232	1989/7/19	DC-10-10	2 号发动机故障，液压失效
联合航空 585	1991/3/3	B737-291	方向舵满偏卡死
汉莎航空 004	1991/5/26	B767-3Z9ER	1 号发动机反推
中华航空 358	1991/12/29	B747-2R7F	3、4 号发动机脱落
以色列航空 1862	1992/10/4	B747-258F	3、4 号发动机脱落
贝加尔航空 130	1994/1/3	Tu-154M	2 号发动机故障，液压失效
全美航空 427	1994/9/8	B737-3B7	方向舵功能异常
菲律宾航空 434	1994/12/11	B747-283B	舵面操控失效
东风航空 517	1996/6/9	B737-2H5	方向舵卡死功能异常
阿拉斯加航空 261	2000/1/31	MD-83	水平安定面卡死进而松浮
美国航空 587	2001/11/12	A300B4	误操作导致垂尾脱落
美国西北航空 85	2002/10/9	B747-451	下方向舵满偏卡死
中西部航空 5481	2003/1/8	Beech 1900D	升降舵偏转行程缩小
巴格达敦豪航空	2003/11/22	A300B4	液压失效、机翼受损
卡利塔航空 825	2004/10/20	B747-132SF	1 号发动机脱落
越洋航空 961	2005/3/6	A310-308	方向舵断裂脱落
复兴航空 GE235	2015/2/4	ATR-72-600	2 号发动机失效，误关 1 号发动机
马汉航空 W5-1095	2015/10/15	B747-300	3 号发动机脱落，砸坏机身
VH-ZCR	2017/2/21	Beechcraft B200	方向舵左满偏
C-GBTU	2019/10/26	DHC-3T	右机翼脱落

1985 年 2 月 19 日，中华航空 006 号航班一架波音 747 飞机在飞行中 4 号发动机熄火，飞行员操作不当使飞机翻滚高速下坠，最终飞行员重新稳定了飞机，但急速下降气流的巨大压力使升降舵严重受损。

第 2 章 大型飞机故障及结构损伤类型

1985 年 8 月 12 日，日本航空 123 号航班一架波音 B747SR-46 型飞机由于维修不当，飞行中尾部结构出现金属疲劳断裂，引起爆炸导致垂直尾翼断裂脱落。

2000 年 1 月 31 日，阿拉斯加航空 261 号航班一架 MD-83 型飞机由于维护不当，水平安定面作动器位移丝杠磨损，丝杠由于缺少润滑，切削固定螺栓使丝杠上缠绕了切削下的金属屑，限制了丝杠的移动，导致水平安定面卡死。驾驶员试图改变水平安定面位置使固定螺栓受力过大脱落，进而导致水平安定面松浮，最终飞机由于缺少水平安定面的纵向控制，坠毁在太平洋上。

2002 年 10 月 9 日，美国西北航空 85 号航班一架波音 B747-451 型飞机在飞行中由于机尾动力控制模块外罩损坏，导致航向阻尼作动器外罩分离，进而使下方向舵出现满舵卡死。飞机最终在驾驶员操控下重新平衡稳定并安全着陆。

2003 年 1 月 8 日，中西部航空 5481 号航班由于机械师维修不当，使得飞机升降舵行程不足，无法产生足够的俯仰控制力矩，最终飞机起飞后不久由于迎角过大，失速坠毁。

2003 年 11 月 22 日，敦豪航空的一架 A300B4 型机在伊拉克巴格达起飞后不久遭到地面武装人员地空导弹袭击，导弹击中飞机的左翼，将翼身结构撕裂了约 5 m，除了造成左翼油槽漏油失火之外，也连带破坏了机翼内全部共 3 条液压管线，使全部液压系统泄漏失效，最终驾驶员通过发动机差动控制使飞机安全着陆。

2005 年，加拿大越洋航空 961 号航班在飞行中由于长期结构应力损伤，导致方向舵全部脱落，最终飞机紧急降落安全着陆。

2017 年 2 月 21 日，澳大利亚的一架 Beechcraft B200 型飞机在起飞时方向舵即向左满偏，飞机发生持续右侧滑，同时出现向左滚转，最终飞机与地面建筑物相撞。

2019 年 10 月 26 日，加拿大一架 DHC-3T 型飞机在飞行中右机翼脱落，飞机不受控下降，最终撞击湖面坠毁。

2021 年 3 月 2 日，南苏丹至尊航空的一架 Let L-410 型飞机在起飞 10 分钟后一台发动机失效，在返航过程中另一台发动机也失效，最终坠毁，10 人遇难。

可以看出，因动力系统、作动器故障或结构损伤导致的航空事故时有发生，且会导致比较严重的后果。

2.2 典型故障及结构损伤分类

从以上典型事故分析可以看出，飞机典型故障大致可以分为四类：航空电子和传感器系统故障、操纵面故障、动力系统故障、机体结构损伤。具体如下所述。

2.2.1 航空电子和传感器故障

航空电子和传感器故障包括计算机硬件故障、传感器故障、信号线故障等，这类故障通常导致飞机计算处理能力丧失、控制系统引入错误的反馈信号或无法获得反馈信号，进而可能影响飞行控制系统。解决这类故障主要通过在线自检测（BIT）[5]、故障逻辑分析[6]、滤波估计[7]、专家系统[8]等故障诊断与隔离方法，确定故障源并将其隔离，防止故障信息在控制系统中进一步传播。同时，在系统中增加余度设备，使用正常的传感器测量数据或计算单元替代故障单元。另外，通过改进元件设计提高部件的可靠性，可以减小传感器和计算机发生故障的概率。相关的故障诊断隔离和余度管理技术已经取得非常多的研究成果，并在工业界广泛应用，因此这类故障不作为本书论述的重点。

2.2.2 操纵面故障

飞机的操纵面主要包括升降舵、副翼和方向舵，用于控制飞机的俯仰、滚转和偏航。在战斗机中，鸭翼和襟翼也作为操纵面。操纵面由作动器驱动偏转，作动器故障会导致操纵面异常，无法按照控制器期望的角度偏转。这类故障使得部分或全部操纵面失效，导致操纵面的效能降低，略微改变气动特性。作动器导致的操纵面故障可以分为舵面位移限制、舵面松浮和满舵卡死等[9]。

舵面位移限制故障主要表现在舵面位移行程范围缩小，舵面产生的控制力和控制力矩范围受限。飞行中恶劣天气条件下的强气流也会使舵面控制失效，由于作动器无法抵消气流对舵面的压力，舵面也会出现位移受限或卡死现象。

舵面松浮故障是指舵面偏转角度完全不受作动器控制，而只随气流浮动，这时尽管舵面上仍产生气动力，但已无法依照控制器指令生成相应的控制力和控制力矩。引起舵面松浮故障的原因有机械限位损坏或液压系统失效。

满舵卡死故障与一般的卡死故障不同。一般的舵面卡死位置可能在配平位置附近，而满舵卡死使其偏转位置会首先快速转向最大或最小偏转角度，随后舵面卡死无法改变偏转角度。这种故障常由作动器功能异常引起，由于满舵产生一个非常大的偏置力或力矩，可使飞机迅速偏离平衡状态，进而引起侧滑或失速。因此，满舵卡死故障比一般的舵面卡死故障对飞控系统安全的危害更大。

操纵面的另一类故障是操纵面损伤。在操纵面损伤的情况下，其偏转效率不变，但产生力和力矩的效率将降低，使控制系统无法产生足够的控制力矩维持飞机姿态稳定。

2.2.3 动力系统故障

动力系统故障是指发动机脱落或失效。由于航空发动机工作时内部转子叶片高速运转，如果吸入异物极易对叶片造成损坏，导致发动机失效。连接发动机短舱和机翼的吊架可能由于金属疲劳断裂，导致发动机脱落。另外，发动机在飞行中开启反推也会对飞行安全造成非常严重的影响，但由于大多数飞机都增加了反推保护，所以类似的故障非常少见。

动力系统故障对飞行控制的影响主要包括以下四个方面。

(1) 发动机失效使发动机推力输出为 0；

(2) 单侧发动机失效使左右发动机推力不平衡，进而引起侧滑和滚转；

(3) 发动机脱落改变飞机的重心位置，使飞机受一个额外的滚转力矩；

(4) 发动机脱落可能损坏机翼翼形，使机翼受到额外的阻力，减小了机翼升力，进而引起飞机滚转和侧滑。

2.2.4 结构损伤故障

飞机结构损伤通常由外力冲击、结构件金属疲劳等因素造成。飞机机体(机身、机翼和尾翼等)出现不可修复的结构损伤，导致气动外形发生变化，改变气动参数，影响飞机的气动力和力矩特性，影响飞机的稳定性，进而可能使飞机进入失速等包线外非安全可控的飞行状态[10]。缺损的结构部分也会引起飞机质量和转动惯量变化，改变飞机重心位置，因此需要对飞机进行重新配平。图 2-1 中给出一些飞机结构损伤后的照片。

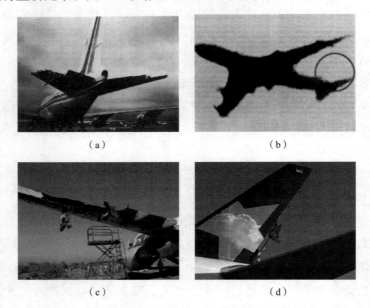

图 2-1 飞机结构损伤后的照片

(a) 中华航空 006(1985)；(b) 日本航空 123(1985)；(c) 巴格达敦豪航空(2003)；(d) 越洋航空 961(2005)

2.3 典型故障及结构损伤对飞行控制的影响

相比于航空电子和传感器系统故障，大多数情况下的操纵面故障、动力系统故障和结构损伤无法通过简单的信号隔离来实现。这三类故障产生的附加力或力矩作用会一直存在，故障的持续作用对控制系统的稳定性造成了更加严重的影响。表 2-2 列出了典型故障对飞行控制的影响。另外，结构损伤还可能同时诱发发动机故障和操纵面故障，多种故障相伴发生使得容错飞行控制问题更加复杂。多起航空事故都是由这三类故障引起的，其中，大部分事故最终造成严重的人员伤亡。因此，研究针对这三类故障的容错飞行控制方法，对减小航空事故中的生命财产损失具有重要的意义。

表 2-2 典型故障对飞行控制的影响

类型	故障	影响
结构损伤	垂尾脱落	减小航向稳定和航向阻尼
	控制舵面缺损	减小舵面控制效率
操纵面故障	舵面位移限制	舵面位移范围变小
	舵面卡死	舵面位置无法改变
	舵面松浮	舵面不受指令控制，偏转角度随气流变化
	满舵卡死	舵面快速转向最大偏转限制角度并卡死
动力系统故障	发动机失效	发动机输出推力为 0
		不平衡力矩引起侧滑
	发动机脱落	改变飞机重心位置
		可能改变机翼气动外形，增加阻力、减小升力

参考文献

[1] AIRBUS. A Statical Analysis of Commercial aviation accidents 1958—2013[R]. Airbus S. A. S, 2016.

[2] INTERNATIONAL CIVIL AVIATION ORGANIZATION. Safety report[R]. Montreal: ICAO, 2014.

[3] AVIATIOH SAFETY NETWORK. ASN accident database[DB/OL]. [2022-6-29]. https://aviation-safety.net/database/.

[4] 汪磊, 梁妍. 全球民航事故调查数据统计与分析[J]. 综合运输, 2021, 43(3): 7-12.

[5] PECHT M, DUBE M, NATISHAN M, et al. Evaluation of built-in test[J]. IEEE Transactions on Aerospace and Electronic Systems, 2001, 37(1): 266-271.

[6] VESELY B. Fault tree analysis (FTA): Concepts and applications[R]. Cleveland: Technical Report, NASA HQ, 2002.

[7] 周东华, 胡艳艳. 动态系统的故障诊断技术[J]. 自动化学报, 2009, 35(6): 748-758.

[8] FRANK P M. Fault diagnosis in dynamic systems using analytical and knowledge-based redundancy: A survey and some new results[J]. Automatica, 1990, 26(3): 459-474.

[9] HANKE C R, NORDWALL D R. The simulation of a jumbo jet transport aircraft Volumn II: Modeling data[R]. Cambridge: Technical Report, NASA CR-114494, 1970.

[10] NELSON R C. Flight stability and automatic control[M]. 2nd ed. Boston: WCB/McGraw Hill, 1998.

第 3 章
飞机故障及结构损伤数学模型

3.1 飞机故障及结构损伤描述

在飞行过程中，飞机可能遭遇的故障/机体结构损伤形式多种多样，然而，在实际研究中，不可能针对每一种故障都通过就事论事的工程化方法——进行研究，如何确定典型的故障/损伤形式，使其具有典型性和广泛的适用性，是一个值得研究的关键问题。

对于舵面卡死、发动机单发失效等故障，由于飞机气动外形未发生变化，对飞机本体气动特性影响很小。因此，本章关于故障及结构损伤的数学模型，主要关注机体结构损伤条件下的数学模型。对于机体结构损伤，主要根据近几十年来发生的军用运输机及大型民机事故，总结出典型的机体结构损伤形式，重点参考以下几个航空事故：1985 年日本航空 123 号航班空难事故，其事故原因是飞行中尾部结构出现金属疲劳断裂，引起爆炸导致整个垂直尾翼脱落[1]；1985 年以色列空军一架 F15 战机因空中相撞导致右侧机翼严重损毁[2]；1992 年以色列航空 1862 号班机，起飞阶段由于发动机脱落、液压泄漏使得右侧机翼的前缘襟翼意外收起，导致非对称失速并最终引起机毁人亡事故[3]；2003 年 DHL 一架 A300 货机在巴格达上空受地空导弹袭击，遇袭后其外侧后缘襟翼严重受损[4]。

综合考虑大型运输类飞机布局典型性、研究平台的通用性和开放性，在本书研究中，研究模型以国际上广泛采用的通用运输类飞机模型（common research model，CRM）为基础进行研制[5]，设计的模型如图 3-1 所示。研究的典型结构损伤如图 3-2 所示，含不同程度的单边机翼结构损伤、单边平尾结构损伤、垂尾结构损伤等。

图 3-1　CRM 飞机

图 3-2　典型结构损伤

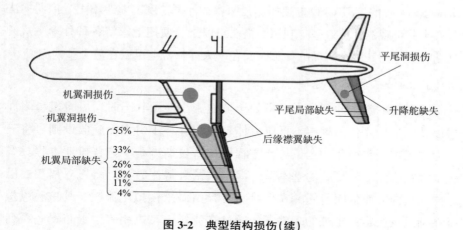

图 3-2 典型结构损伤(续)

3.2 结构损伤飞机气动力获取方法

3.2.1 结构损伤飞机气动力计算

对于结构损伤飞机气动力数据的获取,可以利用风洞试验方法。通过设计加工包含典型结构损伤构型(如机翼、水平安定面和垂尾在缺损不同比例)的缩比试验模型,在风洞中开展静动态测力试验,来获得典型结构损伤条件下飞机的气动参数[6,7]。这种方法的优点是可以获得精准的气动力数据,主要缺点是结构损伤试验模型和风洞试验成本较高,同时只能获得非常有限的部分典型损伤状态的气动数据。因此,可以利用计算方法作为辅助,进行飞机结构损伤气动力计算,为飞机结构损伤气动力建模、动力学分析以及先进控制律设计研究奠定基础。

关于计算方法,可以采用经过简化的基于拉普拉斯方程求解的涡格法[8,9],或者求解纳维-斯托克斯方程(NS 方程)的一般流体力学的数值求解(CFD)方法。涡格法在处理飞机低速、小迎角气动力求解问题情况下,与求解 NS 方程的一般 CFD 方法相比，两者在计算精度上差距不大，但涡格法具有十分可观的计算效率。利用涡格法可以十分便捷地求解各种外形飞机的气动参数，而其单个问题的计算时间在个人计算机上可以在数十秒内完成。

1. 涡格法的基本原理

涡格法的基本原理是当飞机处于低速、小迎角状态时，可将机身附面层以外的流场简化为理想不可压流体，在此进一步引入无旋假设则可将气动力方程进一步简化为全位势流方程即拉普拉斯方程。拉普拉斯方程具有包括涡在内的多种形式的基本解。涡格法基于势流方程，将机翼离散成沿弦向和展向分布的附着涡并在后缘布置自由涡来模拟尾流区，其核心思想是在满足亥姆霍兹定理的条件下，通过在流场中飞机相应位置布置一系列涡强不同的涡线，在特定位置设置控制点，通过求解控制点处不可穿越这一边界条件从而求得各个涡线涡强大小，最后利用茹科夫斯基升力定理求出作用在飞机上的升力及其他气动力。

2. 结构损伤气动力计算

在具体实施中，可以基于涡格法的原理自行编写计算程序，也可以利用一些常用的开源计算工具，如 Tornado 或 OpenVSP[10] 等进行计算。以 OpenVSP 为例，其工具操作简单，具有较好的用户界面，软件包括模型设计、气动特性计算、结果曲线显示和后处理等模块，模型外形采用输入参数方式建立，如定义机翼翼型、翼展、机身剖面形状、机身长度等，建立的模型能以不同格式导出（如 igs、stp 等），并可在其他软件中应用和修改。软件包含丰富的翼型数据库，可以直接调用，在建模过程中能实时修改参数，并生成和显示飞机的三维几何模型。该工具采用的计算方法可以选择涡格法或面元法。目前，OpenVSP 主要用于进行飞机概念设计和气动布局优化设计，这里将其应用到飞机结构损伤气动力计算中，主要流程如下所述。

利用 OpenVSP 进行结构损伤气动力的计算。第一步，利用 OpenVSP 模型设计模块建立结构损伤飞机模型。在 OpenVSP 模型设计界面上有机身、机翼、发动机、铰链等基本组件，用户可以添加基本组件，在基本组件的基础上，根据模型的实际参数进行修改，获得所需的计算模型。在

OpenVSP 中建立的 CRM 飞机如图 3-3 所示，为了计算单边机翼损伤时的气动力特性，在建立机翼、平尾模型时，将左/右机翼分开进行定义，左/右平尾也分开定义。第二步，计算网格划分。在 OpenVSP 中，模型中的各个组成部分，包括机翼、机身、尾翼等，都可以设置计算网格密度，即模型表面划分的四边形面元的数量/密度。在计算时，每个面元用一根马蹄涡线来表示，如图 3-4 所示。马蹄涡线由一根有限长的涡线和两条半无线长的涡线组成，其中，有限长的涡线称为附着涡。附着涡部分位于面元前缘的四分之一处，两条半无线长的涡线称为自由涡，自由涡线延伸到下游无穷远处。每个面元上都有一个控制点，控制点位于面元前缘四分之三处，通过在每个单元的控制点处满足物面条件，可以建立一个以每个面元上马蹄涡环量为未知数的线性方程组。通过对线性方程组的求解，可以获得每个单元上马蹄涡环量。计算网格划分如图 3-5 所示。第三步，在完成模型建立及网格划分后，进行气动力计算。在 OpenVSP 中进行气动力计算的流程如下：①将计算对象设置为第二步中形成的模型；②选择计算方法为涡格法；③设置模型的特征参数，包括机翼参考面积、展长、平均气动弦长等；④设置模型力矩中心（可以设置为模型的重心）；⑤完成上述配

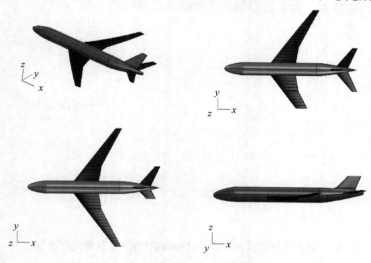

图 3-3　OpenVSP 中建立的 CRM 飞机

置后利用程序自带的求解器即可完成计算，获得模型表面压力分布、涡量分布、六分量气动力等数据。在模型中设置不同的结构损伤，就可以获得相应损伤状态的气动力数据。

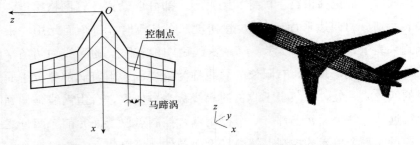

图 3-4　马蹄涡布置　　　　　图 3-5　CRM 飞机计算网格划分

为了检验使用上述方法进行飞机结构损伤气动力计算结果的有效性，将其与风洞试验数据进行对比。图 3-6 给出了 CRM 模型机翼翼尖损伤后涡格法计算结果与风洞试验结果的一个对比实例。可以看出，在线性段，各气动力分量的计算结果和风洞试验结果量值接近、吻合良好，说明利用该方法来进行飞机结构损伤气动力计算是可行的，在主要关心的常规迎角（线性段）范围内，该方法得到的计算结果是准确的。

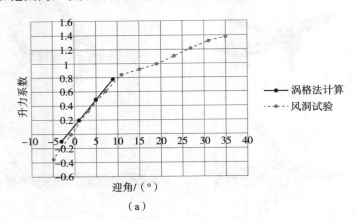

(a)

图 3-6　涡格法计算结果与风洞试验结果对比（左翼翼尖损伤 30%）

(a)升力系数对比

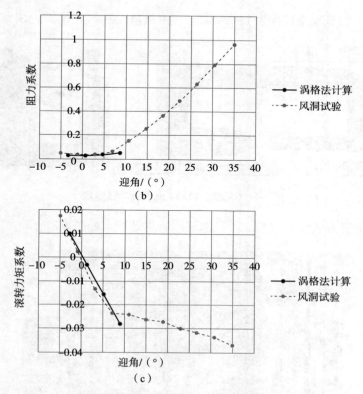

图 3-6 涡格法计算结果与风洞试验结果对比(左翼翼尖损伤 30%)(续)

(b)阻力系数对比；(c)滚转力矩系数对比

3.2.2 结构损伤飞机气动力风洞试验

1. 试验设备与模型

风洞试验是获取结构损伤飞机气动特性数据的有效手段。现以在中国空气动力研究与发展中心(China Aerodynamics Research and Development Center, CARDC)FL-14 风洞开展的典型结构损伤飞机静动态风洞试验为例，介绍利用风洞试验构建结构损伤气动力数据库的方法。如图 3-7 所示，该风洞是一座开闭口两用试验段的单回流式风洞。试验段截面为圆形，长为 5 m，直径为 3.2 m，中心截面有效面积为 8.038 m^2，开口试验段风速可达

116 m/s，最低稳定风速为 11.5 m/s，气流偏角 $|\Delta\alpha|\leqslant 0.5°$、$|\Delta\beta|\leqslant 0.5°$。

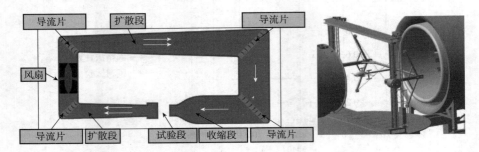

图 3-7　CARDC FL-14 风洞及其试验段

静态测力试验采用 FL-14 风洞尾撑装置开展，如图 3-8 所示。

图 3-8　静态测力试验装置

动导数及大振幅试验采用 FL-14 风洞单自由度动态试验装置开展，包括滚转/偏航振荡试验装置和俯仰振荡试验装置，如图 3-9 所示。其中，滚转/偏航振荡试验装置采用大功率电动机，通过高精度减速器直接将运动传递给振动轴，振动轴与模型（天平）通过模型转接头固联。俯仰振荡试验装置为平行四边形机构，平行四边形机构的 4 条边分别为主支杆、尾支杆、摇摆杆和天平套筒，由伺服电动机通过减速器直接驱动摇摆杆从而带动模型进行振荡。

模型为国际通用研究模型 CRM。试验模型如图 3-10 所示，模型比例为 1∶40.9，由碳纤维和铝等材料制作，翼展为 1.436 m，模型基本状态质量约为 7 kg。模型特征参数见表 3-1。

第 3 章 飞机故障及结构损伤数学模型

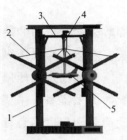 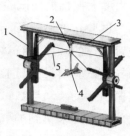 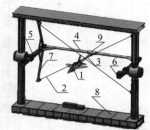

1—张线机构；
2—拉线部件；3—张线横梁；
4—俯仰振荡装置；5—模型
（a）

1—张线机构；
2—偏航振荡装置；3—张线横梁；4—模型；5—拉线部件
（b）

1—模型；2—张线机构；3—滚转振荡装置；
4—张线横梁；5—支臂；6—配重；
7—张线立柱；8—支撑架；9—支座
（c）

图 3-9 动导数试验装置

（a）俯仰振荡；（b）偏航振荡；（c）滚转振荡

图 3-10 试验模型

表 3-1 CRM 模型特征参数

模型比例	1∶40.9	参考面积	0.229 2 m²
参考展长	1.436 m	平均气动弦长	0.171 21 m
力矩参考中心（x 向，机头最前点向后）	0.765 60 m	副翼偏转范围	±30°
力矩参考中心（z 向，机身水平面向下）	0.046 90 m	方向舵偏转范围	±40°
力矩参考中心（y 向，纵向对称面向右）	0 m	升降舵偏转范围	−35°～+30°
平尾偏转范围	−18°～+7°	—	—

2. 试验内容与方法

为了获取结构损伤状态静动态气动力特性，主要试验内容包括正常状态静态测力试验及舵面效率试验；典型结构损伤状态静态测力风洞试验；正常状态和典型结构损伤状态的俯仰、偏航、滚转动导数风洞试验；正常状态和典型结构损伤状态的单自由度大振幅振荡试验。

试验方法：首先进行静态测力试验，然后进行动导数试验，按俯仰装置腹撑、偏航装置腹撑、滚转装置尾撑的顺序进行试验。静态试验采用纵向连续扫描方法开展；在进行动导数试验时，待试验风速达到指定速压值且稳定后，激振装置开始做正弦振荡运动。动导数试验数据采集系统采集角度编码器角度信号和天平受载信号，将采集到的气动荷载和角度信息存储到数据库系统进行计算。动导数试验按照从低频到高频，从小振幅到大振幅的方式进行。最后进行单自由度大振幅振荡试验。

在本实例中，静态试验迎角为$-10°\sim 80°$，试验侧滑角为$-30°\sim 30°$。动导数和大振幅振荡试验频率为 0.5 Hz、1 Hz、1.5 Hz、2 Hz，振幅为 5°、10°、20°、30°、40°。

典型试验照片如图 3-11、图 3-12 所示。

图 3-11　典型损伤状态静态测力试验

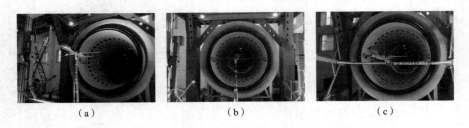

图 3-12　动导数试验

(a)俯仰振荡；(b)偏航振荡；(c)滚转振荡

3.3 结构损伤飞机静动态气动力特性与建模

3.3.1 静动态气动力特性

彩图 3-13

1. 正常状态飞机的静动态气动特性

图 3-13(彩图 3-13)给出了无结构损伤时飞机的基本气动力特性曲线。可以看出，在正常状态下，迎角为 14°时飞机升力失速，迎角继续增大时，升力仍会继续缓慢增大，直至迎角为 35°左右。但当迎角达到 10°后，阻力

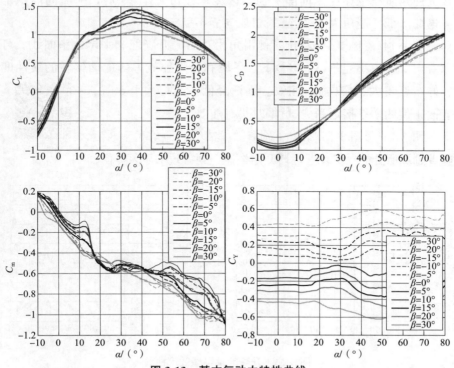

图 3-13 基本气动力特性曲线

C_L—升力系数；C_D 为—阻力系数；C_m—俯仰力矩系数；C_Y—侧力系数

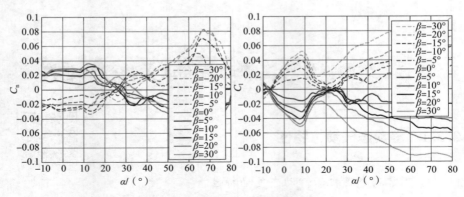

图 3-13 基本气动特性曲线(续)

C_n—偏航力矩系数；C_l—滚转力矩系数

将迅速增大。小侧滑时，迎角为 $8°\sim14°$，飞机纵向临界稳定或静不稳定，在大迎角阶段也存在纵向静不稳定区域；迎角大于 $15°$ 后，横航向静稳定度迅速降低，迎角大于 $25°$，飞机航向静不稳定。

图 3-14(彩图 3-14)给出了侧滑角为 $0°$ 时的升降舵和平尾效率曲线。可以看出，在中小迎角($\alpha<30°$)下，平尾和升降舵效率随舵面偏转的线性度较好，迎角大于 $30°$ 后，舵效会逐渐降低，迎角大于 $50°$ 后，舵面正偏的效率接近消失(负偏时仍有舵效)。

彩图 3-14

图 3-15(彩图 3-15)给出了副翼效率曲线，迎角大于 $8°$ 后，随着副翼所处的翼尖位置逐渐开始失速，副翼效率显著降低。

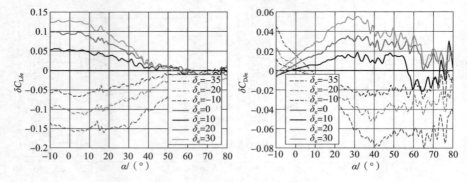

图 3-14 升降舵及平尾效率曲线

$\delta C_{L\delta e}$—升降舵的升力效率；$\delta C_{D\delta e}$—升降舵的阻力效率

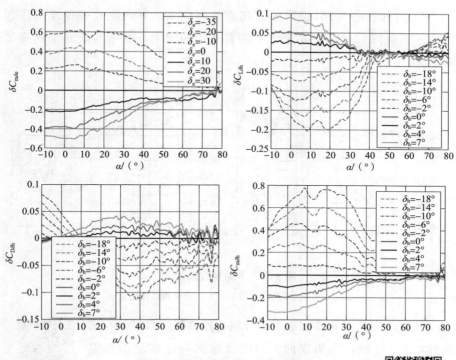

图 3-14 升降舵和平尾效率曲线(续)

$\delta C_{m\delta e}$—升降舵的俯仰效率；$\delta C_{L\delta h}$—平尾的升力效率；
$\delta C_{D\delta h}$—平尾的阻力效率；$\delta C_{m\delta h}$—平尾的俯仰效率

彩图 3-15

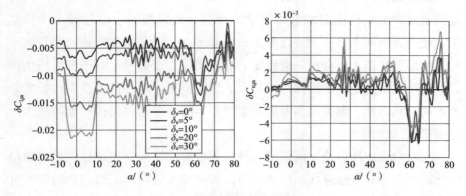

图 3-15 副翼效率曲线

$\delta C_{l\delta a}$—副翼的滚转效率；$\delta C_{n\delta a}$—副翼的偏航效率

037

图 3-16(彩图 3-16)给出了方向舵效率曲线,方向舵效率在迎角达到 10°后也开始降低,这主要是由于随着迎角的增大,垂尾逐渐处于机身尾流中。

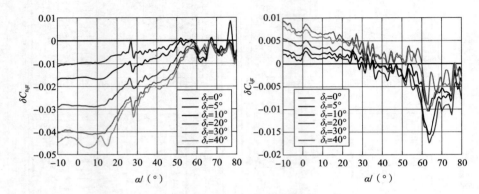

图 3-16　方向舵效率曲线

$\delta C_{l\delta r}$—方向舵的滚转效率；$\delta C_{n\delta r}$—方向舵的偏航效率

图 3-17 给出了正常状态下动导数特性曲线。可见,在部分中大迎角区域,飞机纵向、横向及航向均存在动不稳定区域。

彩图 3-16

2. 结构损伤飞机的静动态气动特性

(1)机翼局部损伤对气动特性影响。图 3-18 给出了零侧滑时,不同程度的机翼翼尖损伤引起的静态气动力增量。机翼损伤会引起升力大幅损失,使升力线斜率降低。结合图 3-13 可以看出,升力的损失通过迎角的小幅增加即可补偿,但会在一定程度上缩小飞行安全边界。对于翼尖损伤而言,最严重的是左右不对称带来极大的滚转力矩,对飞机的横向操控带来严重的不利影响。翼尖损伤带来的滚转力矩随着迎角和损伤程度的增大而急剧增加。

在对静稳定性影响方面,翼尖损伤主要影响纵向静稳定性和横向静稳定性。纵向静稳定性降低,特别在损伤程度较大时,飞机纵向静稳定度可能会靠近临界稳定状态；单侧机翼损伤 30% 时,横向静稳定性降低 20% 左右,正侧滑和负侧滑时横向静稳定性差异很小。

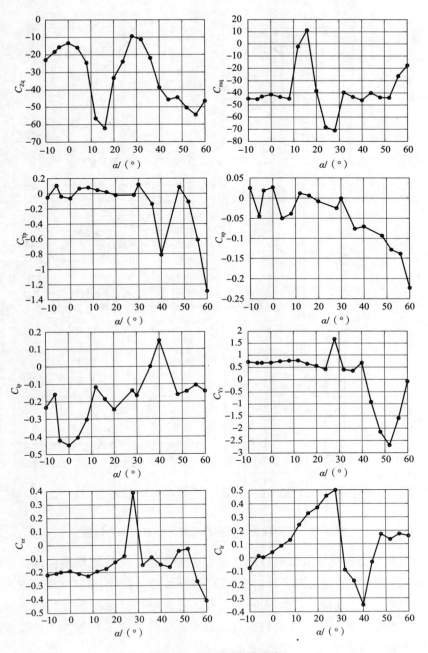

图 3-17 动导数特性曲线

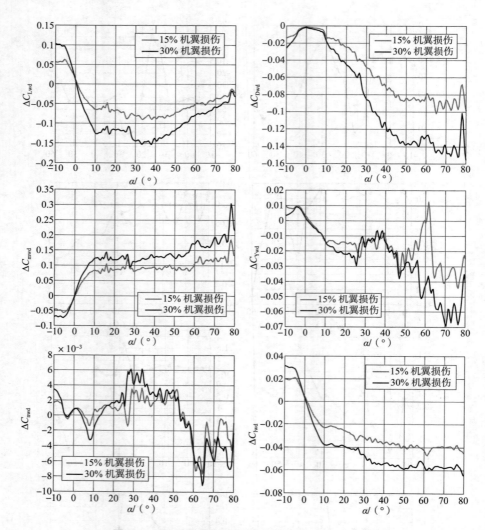

图 3-18 不同程度机翼损伤引起的静态气动力增量

在对动稳定性导数影响方面,在失速迎角前,机翼损伤使横向阻尼导数 C_{lp} 随损伤程度呈比例降低,在失速迎角后,影响不明显;机翼左右不对称会引起 C_{zp}、C_{lq} 变化,但从量值上看,可忽略;机翼损伤对其他动导数影响可忽略。从大振幅试验数据可以看出,机翼两边不对称并未造成正滚转速率和负滚转角速率时动导数的差异。

(2)平尾局部损伤对气动力特性的影响。图 3-19(彩图 3-19)给出了单侧平尾不同程度损伤的静态气动力增量。平尾损伤主要影响纵向静稳定性、纵向操纵性、纵向动稳定性导数，以及由于左右不对称带来的附加滚转力矩。从量值上而言，单侧平尾脱落后，在小迎角时纵向已经处于临界静稳定或弱静不稳定状态，其引起的滚转力矩较小，只需1°~2°的副翼偏转即可补偿不对称滚转力矩。

彩图 3-19

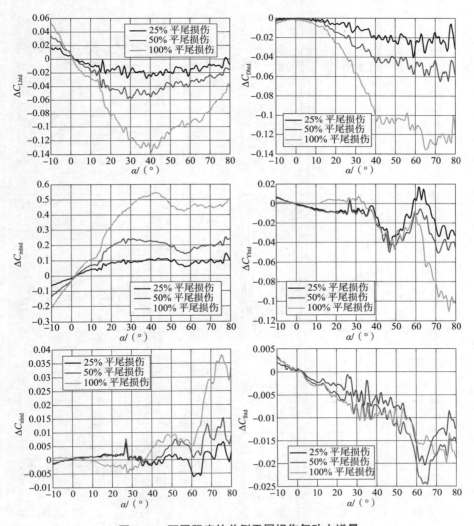

图 3-19　不同程度的单侧平尾损伤气动力增量

俯仰动稳定性导数随平尾损伤面积呈线性衰减。

(3)垂尾结构损伤对气动力特性影响。图 3-20(彩图 3-20)给出了垂尾不同程度损伤的静态气动力增量。垂尾损伤主要影响航向静稳定性和动稳定性。垂尾损伤 50% 后，飞机航向已经变为静不稳定；同时，偏航阻尼导数随垂尾损伤面积呈线性衰减。

彩图 3-20

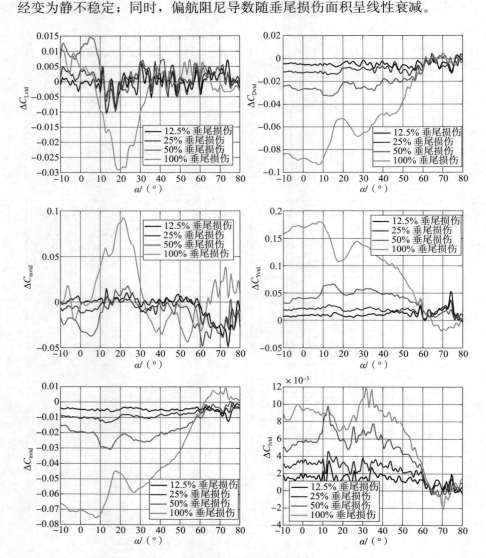

图 3-20　不同程度的垂尾损伤的静态气动力增量

（4）操纵面损伤对气动力特性的影响。试验结果表明，对于副翼、方向舵及升降舵等操纵面损伤，除了方向舵脱落对航向静稳定性及航向动稳定性有明显影响外，其他操纵面损伤主要对操纵性有影响，对飞机本体的稳定性无明显影响。

3.3.2 气动力数学模型

结构损伤风洞试验结果为气动力建模提供了依据。目前，针对风洞试验结果的分析表明，关于结构损伤飞机的气动力数学模型结构，有以下几点值得注意的信息。

（1）对于结构损伤静态气动力系数，宜采用正常状态气动力叠加损伤引起的气动力增量的方式进行；对于动态气动力导数，宜采用正常状态动导数乘以比例系数的形式，比例系数由损伤程度确定。

（2）对于机翼或平尾损伤，对称性假设不成立，具体表现如下：

①基本气动力系数随侧滑角呈现非对称变化；

②副翼效率需要左、右副翼分开计算；

③左右升降舵、左右平尾对气动力的贡献需要分开计算；

④俯仰运动会产生滚转力矩；

⑤滚转力矩随迎角变化明显。

（3）复合结构损伤近似满足线性叠加关系。

根据气动力风洞试验结果，结构损伤静态气动力系数模型表达式结构主要包括基本量、舵面效率增量和结构损伤增量三个部分，如下所示。

$$C_L = C_{Lbasic}(\alpha,\beta) + \Delta C_{L\delta e}(\alpha,\delta_e) + \Delta C_{L\delta a}(\alpha,\beta,\delta_a) + \Delta C_{L\delta r}(\alpha,\beta,\delta_r) + \Delta C_{Ldamage}(\alpha,\beta,\delta_d)$$

$$C_D = C_{Dbasic}(\alpha,\beta) + \Delta C_{D\delta e}(\alpha,\delta_e) + \Delta C_{D\delta a}(\alpha,\beta,\delta_a) + \Delta C_{D\delta r}(\alpha,\beta,\delta_r) + \Delta C_{Ddamage}(\alpha,\beta,\delta_d)$$

$$C_m = C_{mbasic}(\alpha,\beta) + \Delta C_{m\delta e}(\alpha,\delta_e) + \Delta C_{m\delta a}(\alpha,\beta,\delta_a) + \Delta C_{m\delta r}(\alpha,\beta,\delta_r) + \Delta C_{mdamage}(\alpha,\beta,\delta_d)$$

$$C_Y = C_{Ybasic}(\alpha,\beta) + \Delta C_{Y\delta a}(\alpha,\beta,\delta_a) + \Delta C_{Y\delta r}(\alpha,\beta,\delta_r) +$$

$$\Delta C_{Ydamage}(\alpha,\beta,\delta_d)$$
$$C_n = C_{nbasic}(\alpha,\beta) + \Delta C_{n\delta a}(\alpha,\beta,\delta_a) + \Delta C_{n\delta r}(\alpha,\beta,\delta_r) +$$
$$\Delta C_{Ydamage}(\alpha,\beta,\delta_d) \tag{3.1}$$
$$C_l = C_{lbasic}(\alpha,\beta) + \Delta C_{l\delta a}(\alpha,\beta,\delta_a) + \Delta C_{l\delta r}(\alpha,\beta,\delta_r) +$$
$$\Delta C_{ldamage}(\alpha,\beta,\delta_d)$$

结构损伤情况下的动态气动力系数通过正常情况下的动导数乘以比例系数获得，比例系数由损伤程度确定。

3.4 结构损伤飞机运动方程

3.4.1 正常状态刚体运动方程

在推导正常飞机的运动方程时，蕴含以下假设：
(1) 飞机是刚体，在其运动过程中，质量保持不变；
(2) 地面坐标为惯性坐标系，视地球表面为平面；
(3) 不计地球自转和公转的影响；
(4) 重力加速度不随飞行高度的变化而变化；
(5) 机体坐标系的 xOz 平面为飞机几何形状和质量的对称平面，惯性积 $I_{xy}=I_{yz}=0$；
(6) 空气为标准大气，不考虑风的影响。

在上述假设的前提下，如图 3-21 所示，作用在飞机上的外力有重力 W，推力 T 和气动力 A。通常气动力 A 可分解为升力 L、阻力 D 和侧力 C。这些外力除重力 W 外，一般不可能刚好通过飞机质心，于是会产生绕质心的力矩，即俯仰方向旋转力矩 M_y、偏航方向旋转力矩 M_z 和滚转方向旋转力矩 M_x。

由理论力学可知，飞机质心运动的描述，可用动量定理来表示。

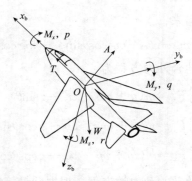

图 3-21 作用在飞机上的外力和外力矩

$$\vec{F} = m \frac{\mathrm{d}\vec{V}}{\mathrm{d}t} \tag{3.2}$$

式中 $\vec{F}$——作用在飞机上的合外力(气动力、推力、重力);

$\vec{V}$——飞机的地速。

将飞机所受的合外力 $\vec{F}$,地速 $\vec{V}$,角速度 $\vec{\omega}$ 分别分解到动坐标系 $(Oxyz)$ 中:

$$\vec{F} = F_x \vec{i} + F_y \vec{j} + F_z \vec{k} \tag{3.3}$$

$$\vec{V} = V_x \vec{i} + V_y \vec{j} + V_z \vec{k} \tag{3.4}$$

$$\vec{\omega} = \omega_x \vec{i} + \omega_y \vec{j} + \omega_z \vec{k} \tag{3.5}$$

根据绝对导数和相对导数的关系:

$$\frac{\mathrm{d}\vec{V}}{\mathrm{d}t} = \frac{\partial \vec{V}}{\partial t} + \vec{\omega} \times \vec{v} \tag{3.6}$$

设动坐标系为机体坐标系,则有

$$\begin{matrix} [V_x, V_y, V_z] = [u, v, w] \\ [\omega_x, \omega_y, \omega_z]_b = [p, q, r] \end{matrix} \tag{3.7}$$

故有

$$\begin{matrix} F_x = m(\dot{u} + wq - vr) \\ F_y = m(\dot{v} + ur - wp) \\ F_z = m(\dot{w} + vp - uq) \end{matrix} \tag{3.8}$$

将重力单独分离出来:
$$W = -mg\sin\theta \vec{i} + mg\cos\theta\sin\phi \vec{j} + mg\cos\theta\cos\phi \vec{k} \quad (3.9)$$

则除重力外的其他合外力方程为
$$\begin{cases} \sum F_x = m(\dot{u} + qw - vr + g\sin\theta) \\ \sum F_y = m(\dot{v} + ur - wp - g\cos\theta\sin\phi) \\ \sum F_z = m(\dot{w} + vp - uq - g\cos\theta\cos\phi) \end{cases} \quad (3.10)$$

对于飞机绕质心转动的动力学方程,根据动量矩定理:
$$\vec{M} = \frac{d\vec{H}}{dt} \quad (3.11)$$

式中,$\vec{M}$ 为合外力矩;$\vec{H}$ 为动量矩。

同理,有
$$\frac{d\vec{H}}{dt} = \frac{\partial \vec{H}}{\partial t} + \vec{\omega} \times \vec{H} \quad (3.12)$$

式中,$\vec{\omega}$ 表示动坐标系对惯性系的总角速度向量。

根据动量矩的定义,单元质量 dm 因角速度 $\vec{\omega}$ 引起的动量矩为
$$d\vec{H} = \vec{r} \times (\vec{\omega} \times \vec{r}) dm \quad (3.13)$$

令动坐标系为机体坐标系,则有
$$\begin{aligned} \vec{r} &= \vec{i} x + \vec{j} y + \vec{k} z \\ \vec{\omega} &= \vec{i} p + \vec{j} q + \vec{k} r \end{aligned} \quad (3.14)$$

则有
$$\begin{aligned} \vec{H} &= \int d\vec{H} = \int \vec{r} \times (\vec{\omega} \times \vec{r}) dm \\ &= \vec{i} \int [(y^2 + z^2)p - xyq - xzr] dm + \\ &\quad \vec{j} \int [(x^2 + z^2)q - xyp - yzr] dm + \\ &\quad \vec{k} \int [(x^2 + y^2)r - xzp - yzq] dm \end{aligned} \quad (3.15)$$

式中，$\int[(y^2+z^2)]\mathrm{d}m = I_x$ 表示绕体轴系的 ox 轴的转动惯量；$\int xy\mathrm{d}m = I_{xy}$，其他积分的定义依此类推。

由于飞机质量分布被假定为关于飞机对称面对称，因而有

$$I_{xy} = I_{yz} = 0 \tag{3.16}$$

于是有

$$\begin{aligned} H_x &= pI_x - rI_{xz} \\ H_y &= qI_y \\ H_z &= rI_z - pI_{xz} \end{aligned} \tag{3.17}$$

$$\begin{aligned} \frac{\partial H_x}{\partial t} &= \dot{p}I_x - \dot{r}I_{xz} \\ \frac{\partial H_y}{\partial t} &= \dot{q}I_y \\ \frac{\partial H_z}{\partial t} &= \dot{r}I_z - \dot{p}I_{xz} \end{aligned} \tag{3.18}$$

$$\vec{\omega} \times \vec{H} = \vec{i}(qH_z - rH_y) + \vec{j}(rH_x - pH_z) + \vec{k}(pH_y - qH_x) \tag{3.19}$$

将合外力矩（包括气动力矩和矢量推力矩，重力无贡献）在机体坐标系下分解

$$M = \vec{i}l + \vec{j}m + \vec{k}n \tag{3.20}$$

则有

$$\begin{aligned} M_x &= \dot{p}I_x - \dot{r}I_{xz} + qr(I_z - I_y) - pqI_{xz} \\ M_y &= \dot{q}I_y + pr(I_x - I_z) + (p^2 - r^2)I_{xz} \\ M_z &= \dot{r}I_z - \dot{p}I_{xz} + pq(I_y - I_x) + qrI_{xz} \end{aligned} \tag{3.21}$$

3.4.2 故障状态刚体运动方程

对于出现结构损伤的飞机，与正常状态相比，飞机关于平面为几何形状和质量对称的假设不成立，飞机的质心会出现偏移，假设损伤后飞机质心在原机体坐标系上的坐标为 $(\Delta x, \Delta y, \Delta z)$，则同上述推导过程，从动

量定理和角动量定理开始推导，可以得到损伤后飞机的运动方程为

$$\begin{aligned}
\sum F_x =& m(\dot{u}+qw-rv+g\sin\theta)+ \\
& m[-(q^2+r^2)\Delta x+(qp-\dot{r})\Delta y+(rp+\dot{q})\Delta z] \\
\sum F_y =& m(\dot{v}+ru-pw-g\cos\theta\sin\phi)+ \\
& m[(qp+\dot{r})\Delta x-(p^2+r^2)\Delta y+(rq-\dot{p})\Delta z] \\
\sum F_z =& m(\dot{w}+pv-qu-g\cos\theta\cos\phi)+ \\
& m[(pr-\dot{q})\Delta x+(rq+\dot{p})\Delta y-(p^2+q^2)\Delta z] \\
\sum M_x =& \dot{p}I_x-\dot{r}I_{xz}+qr(I_z-I_y)-pqI_{xz}- \\
& I_{xy}\dot{q}+I_{xy}pr+(r^2-q^2)I_{yz}+ \\
& m[(\dot{w}+pv-qu-g\cos\theta\cos\phi)\Delta y- \\
& (\dot{v}+ru-pw-g\cos\theta\sin\phi)\Delta z] \\
\sum M_y =& \dot{q}I_y+pr(I_x-I_z)+(p^2-r^2)I_{xz}- \\
& I_{xy}\dot{p}-I_{yz}\dot{r}+pqI_{yz}-qrI_{xy}+ \\
& m[-(\dot{w}+pv-qu-g\cos\theta\cos\phi)\Delta x+ \\
& (\dot{u}+qw-rv+g\sin\theta)\Delta z] \\
\sum M_z =& \dot{r}I_z-\dot{p}I_{xz}+pq(I_y-I_x)+qrI_{xz}- \\
& I_{yz}\dot{q}-I_{yz}pr+(q^2-p^2)I_{xy}+ \\
& m[(\dot{v}+ru-pw-g\cos\theta\sin\phi)\Delta x- \\
& (\dot{u}+qw-rv+g\sin\theta)\Delta y]
\end{aligned} \tag{3.22}$$

参 考 文 献

[1] 杨冰．日本航空 123 号航班空难事件——维修不当致使金属疲劳

[J]．现代班组，2018（08）：24．

［2］LEONED. How an Israeli F-15 Eagle managed to land with one wing［EB/OL］．（2014-9-15）．https：//theaviationist.com/2014/09/15/f-15-lands-with-one-wing/.

［3］乔善勋．从天而降的发动机——以色列航空1862号航班空难［J］．大飞机，2019（04）：69-71．

［4］ASN ACCIDENT DATABASE. Aircraft accident Airbus A300B4-203(F)［EB/OL］．https：//aviation-safety.net/database/record.php?id=20031122-0．

［5］RIVERSS，MELISSA B. NASA common research model：A history and future plans［R］．AIAA 2019-2188．

［6］ABDOLAHIPOUR S，MANI M，DEHAGHI A，et al. Numerical and experimental study of the influence of damage on the aerodynamic characteristics of a finite wing［C］．ASME-JSME-KSME Joint Fluids Engineering Conference，Japan，2011．

［7］KUCHMA O，KAZAK V，SHEVCHUK D，et al. Influence of wing front edge damage on integral aerodynamic characteristics of UAVs［C］．2021 IEEE 6th International Conference on Actual Problems of Unmanned Aerial Vehicles Development，Kyiv，Ukraine，2021：95-98．

［8］李大伟，阎文成，江峰．基于涡格法的近程无人机气动优化与风洞试验验证［J］．试验流体力学，2012，26(03)：61-65．

［9］宋磊，杨华，解静峰，等．基于改进涡格法的飞翼布局飞机稳定性导数计算［J］．南京航空航天大学学报，2014，46(3)：457-462．

［10］SEGUI M，BOTEZ R M. Aerodynamic coefficients prediction from minimum computation combinations using openVSP software［J］．International Journal of Mechanical and Industrial Engineering，2018 12(1)：9-16．

第 4 章

故障及结构损伤飞机动力学与飞行性能

4.1 基于小扰动线性化的飞行性能

4.1.1 非线性六自由度模型的配平

对飞机在不同飞行状态下飞行性能进行分析的基础是进行配平与线性化。配平是使飞机所受的力和力矩相平衡，达到特定的平衡状态，根据非线性六自由度动力学模型和一定的约束条件，求得达到平衡状态时飞机的控制舵面输入和状态量等，得到平衡状态后对飞机进行小扰动线性化，就可以对飞行性能进行分析。

1. 配平方法

根据图 4-1 建立的非线性六自由度动力学模型建立工作点，工作点的属性包括 12 个飞行状态量、输入量和输出量。飞行状态量包括欧拉角 ϕ、θ、ψ，角速度分量 p、q、r，速度分量 u、v、w，位置分量 x、y、z。输入量包括副翼偏角、升降舵偏角、方向舵偏角、平尾偏角和油门开度。输出量包括飞行速度、迎角、侧滑角、爬升角、绕速度矢量轴滚转角速度等。飞行状态量的属性包括初值大小、导数是否为 0、是否为已知量、最大值和最小值等，输入输出量的属性与飞行状态量类似，但是没有导数是否为 0 这一属性。

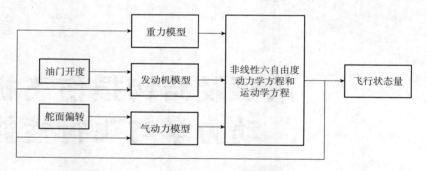

图 4-1 非线性六自由度模型结构

初始化模型后，对于不同的飞行状态，确定计算条件并选择合适的状态集合构成约束条件，通过对工作点的各项属性进行设置，使未知数的量与约束的量相等，保证没有欠约束或者过约束，配平结果是唯一解。若配平结果中的输入输出量和状态量没有受到限制，则结果作为满足条件的配平点，若配平结果中的输入输出量或状态量受到限制，则改变约束条件，再次配平，直到通过多次配平的方式找到满足条件的配平点。配平方法流程如图 4-2 所示。

以定直平飞配平为例，初始化模型后，确定计算条件（如飞行速度、高度等），并根据约束条件设置工作点的各项属性。在进行配平时，不同的模型配平方法稍有不同，对于未损伤模型，仅需进行纵向配平，副翼和方向舵均不需要偏转，由于平尾可动，先令升降舵不偏转，优先以平尾偏转配平,若平尾舵面偏转饱和后仍未配平,则保持平尾舵面的偏转角度,再以升降舵偏转进行配平;对于机翼和平尾损伤模型,由于机翼、平尾损伤带来飞机纵横向的不平衡,需要副翼、方向舵、平尾或升降舵组合控制,进行纵横向配平;对于垂尾损伤模型,副翼、方向舵不需要偏转,仅需偏转平尾或升降舵进行纵向控制。

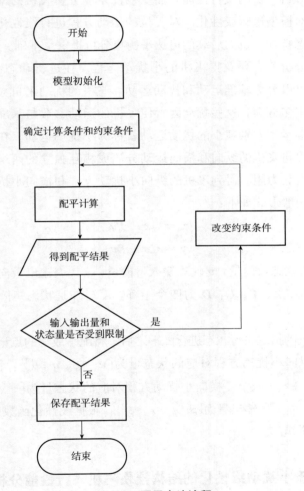

图 4-2 配平方法流程

利用该配平方法求解平衡点,与传统基于三自由度配平的研究方法相比,并不需要给定舵面的分配方式,由于没有对模型做简化处理,考虑了三自由度配平方法忽略的小量,因此得到的结果精度更高,并且提供了更多的平衡点信息。

2. 线性化方法

通过气动力系数可以分析飞机的静稳定性,对飞机进行配平可以从非线性的角度分析飞机的飞行性能,而从线性角度分析飞机的稳定性和飞行品质,需要对模型进行线性化。对飞机的运动方程进行线性化不仅可以分析飞机的动态特性,也为后续的可达平衡集分析提供了基础。

线性化分析首先要获得飞机的小扰动方程。在进行动态特性分析时,飞机的运动可以分为基准运动和扰动运动,飞机的扰动来自大气扰动、发动机工作等很多方面,这些扰动因素使飞机的运动参数与基准运动产生了偏离,与基准运动差别甚小的扰动运动就称为小扰动运动。在小扰动假设条件下,可以将飞机的纵向和横向运动分离成相互独立的两组运动,结合飞机所受的力和力矩,得到飞机的纵向小扰动方程和横向小扰动方程。小扰动方程的一般形式如下:

$$\begin{cases} x = Ax + Bu \\ y = Cx + Du \end{cases} \quad (4.1)$$

式中,x 代表状态量向量,u 代表输入量向量,y 代表输出量向量,其二阶小量均可忽略。A、B、C、D 为四个矩阵,A 矩阵是状态矩阵,B 矩阵是控制矩阵。

在对飞机的指定飞行状态进行配平之后,将配平成功的点记录下来并进行线性化,纵向小扰动方程对应的状态量为 $[u \quad w \quad q \quad \theta]^T$,输入量为 δ_e,输出量为 $[V \quad \alpha \quad q \quad \theta]^T$,横向小扰动方程对应的状态量为 $[v \quad p \quad r \quad \phi]^T$,输入量为 $[\delta_a \quad \delta_r]^T$,输出量为 $[\beta \quad p \quad r \quad \phi]^T$,根据线性化函数即可求解 A、B、C、D 四个矩阵。

4.1.2 基于小扰动线性化的结构损伤飞机飞行性能分析

确定模型的配平方法和线性化方法之后,就可以通过求解飞机在不同飞行状态下的舵面偏转、输出量的大小等评估飞机的飞行性能,通过分析不同速度飞行的模态特性,对飞机的动稳定性产生更清晰的认识。下面以第 3 章所述的 CRM 飞机为实例进行分析(如无特别说明,以下所有结果均是针对缩比模型的分析)。

1. 机翼损伤模型定直平飞性能

(1)不带侧滑定直平飞特性。指定飞机的飞行高度为 640 m,飞行速度为 20~60 m/s,根据以上配平方法,对飞机进行不带侧滑定直平飞状态的配平计算。图 4-3 所示为左机翼 5%损伤模型与未损伤模型配平结果对比。

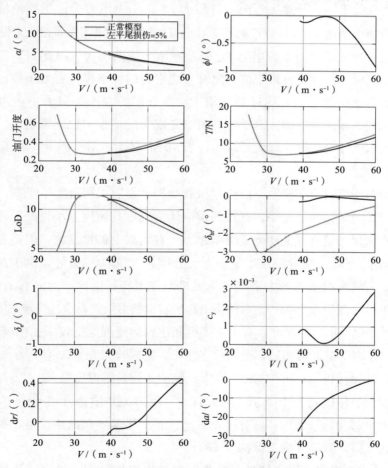

图 4-3 左机翼 5%损伤模型与未损伤模型配平结果对比

对于未损伤模型，可以看出，在 640 m 高度飞行时，飞机的最小平飞速度为 25 m/s，为了保持纵向平衡，配平迎角随着飞行速度的增大而减小，通过分析飞机在低速飞行的配平结果，发现无法配平的原因是油门开度已经达到了最大值 1，仍无法实现受力平衡。由于配平时先依靠平尾偏转配平，平尾偏转饱和后再依靠升降舵偏转配平，在该飞行状态下，升降舵偏角始终为 0，说明仅偏转平尾即可配平，并不需要偏转升降舵。油门开度与配平推力随着速度的增大先减小后增大，这是因为定直平飞时推力与阻力保持平衡，低速飞行时，升阻力 D_i 在平飞阻力中占主要地位，随着飞行速度的增大，C_L 逐渐减小，由于 D_i 与 C_L^2 成正比，因此 D_i 随着速度增大逐渐减小，而零升阻力 D_0 随速度增大逐渐增大。因此当飞机达到某一速度时，总阻力有最小值，此时与之平衡的配平推力有最小值，油门开度也有最小值。随着速度继续增大，零升阻力在平飞阻力中占主要地位，总阻力随速度的增大而增大，油门开度与配平推力也逐渐增大。随着速度的增大，升阻比先增大后减小，当 32 m/s $\leqslant V \leqslant$ 36 m/s 时，升阻比的值约为 12。

而对于机翼损伤模型，由于左机翼受损，左右机翼升力不平衡，会产生左滚转力矩，为了配平，副翼偏角应该为负，且速度越小，配平迎角越大，机翼损伤模型左滚转力矩增量越大，右副翼上偏量越大，但副翼最大偏转角度为 30°，故此限定了最小平飞速度为 39 m/s；另外，由于左机翼受损，右机翼产生的升力更高，使飞机向左滚转；由此产生向右的侧力，需要飞机右侧滑来平衡；而右侧滑引起的右偏航力矩需要通过偏转方向舵达到配平条件。由图 4-3 可以看出，飞机能达到的速度范围较未损伤模型小，这主要是由于机翼损伤后，副翼效率减半，副翼偏角在平飞速度为 39 m/s 时已达其偏转极限；由于 CRM 模型机翼 1/4 弦线后掠角为 35°，因此机翼翼尖损伤会使机翼升力减小，阻力减小，俯仰力矩增加，因此油门开度、推力大小都会显著增加，而升阻比减小，且平尾偏转角减小，由于平尾偏角未达极限，升降舵偏角保持 0°不变。

(2) 带侧滑定直平飞特性。首先，对于未损伤模型，指定飞机的飞行高度为 640 m，飞行速度为 30~60 m/s，对飞机进行带侧滑定直平飞状态

第 4 章 故障及结构损伤飞机动力学与飞行性能

的配平计算,计算飞机在不同侧滑角 $\beta=\pm 10°$ 和 $\beta=\pm 5°$ 时的飞行性能。配平结果如图 4-4(彩图 4-4)所示,为了便于比较,将 $\beta=0°$ 的配平结果也在图中进行表示。

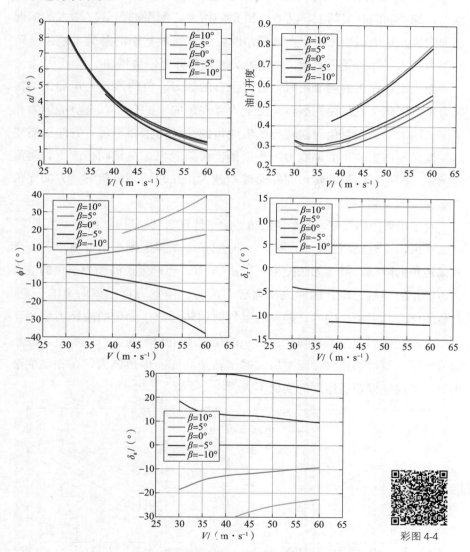

图 4-4 未损伤模型带侧滑定直平分状态的配平计算结果

由图 4-4 可以看出,当 $\beta=\pm 5°$ 时,飞机在速度范围内均可以配平,且

057

配平迎角与无侧滑时的配平迎角接近，这说明侧滑角对纵向状态的影响不大，当$\beta=\pm10°$时，飞机在低速时无法配平。可以看出，当飞机存在侧滑角时，在相同速度下，配平油门开度与无侧滑时相比都会变大，且侧滑角越大，配平油门开度越大，随着侧滑角的增大，配平油门开度增大的情况更加明显。这说明当飞机存在侧滑角时，会在基准状态的基础上产生一定的阻力，为了保持受力平衡，配平推力和油门开度便会增加。

当飞机存在正的侧滑角时，会产生负的侧力、负的滚转力矩和正的偏航力矩，因此飞机需要右滚转，使重力存在侧向上的分量，与负的侧力相平衡，同时副翼需要负向偏转与产生的负的滚转力矩相平衡，方向舵需要向左偏转与产生的正的偏航力矩相平衡。可以看出，在相同速度下，侧滑角越大，配平所需的滚转角和舵面偏角越大，在相同侧滑角下，方向舵偏角随速度的变化不大。

对于机翼损伤模型，各个侧滑角的配平计算结果如图4-5所示。由图4-5可以看出，飞机仅能在$\beta=5°$和$\beta=0°$时配平，在其他侧滑角下由于各个舵面偏转角的限制，最终无法配平。当$\beta=5°$时，会产生负的侧力、负的滚转力矩和正的偏航力矩，因此飞机需要右滚转，使重力存在侧向上的分量，与负的侧力相平衡。同时，副翼需要负向偏转与产生的负的滚转力矩相平衡，方向舵需要向左偏转与产生的正的偏航力矩相平衡。可以看出，在相同速度下，侧滑角越大，配平所需的滚转角和舵面偏角越大，在相同侧滑角下，方向舵偏角随速度的变化不大。

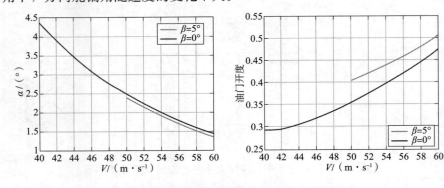

图4-5　机翼损伤模型各侧滑角的配平计算结果

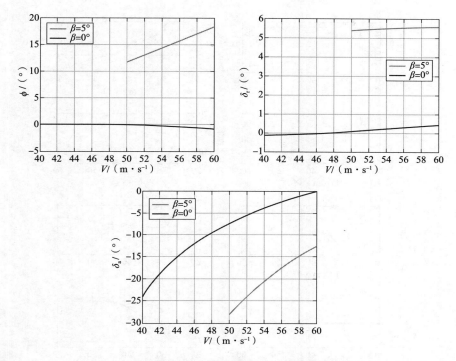

图 4-5 机翼损伤模型各侧滑角的配平计算结果(续)

2. 平尾损伤模型定直平飞性能

(1)不带侧滑定直平飞特性。指定飞机的飞行高度为 640 m，飞行速度为 20~60 m/s，根据以上配平方法，对飞机进行不带侧滑定直平飞状态的配平计算。图 4-6 所示为左平尾 50% 损伤模型与未损伤模型配平结果对比。

平尾损伤主要影响纵向静稳定性、纵向操纵性、纵向动稳定性导数，以及由于左右不对称带来的附加滚转力矩。平尾损伤对升力影响不大，故迎角没太大变化；由于左平尾受损，飞机左右两侧阻力不平衡，左侧阻力小，右侧阻力大，为了平衡，方向舵左偏；在损伤飞行的过程中，侧力的大小和方向直接影响滚转角的大小和方向；单边平尾损伤，在小迎角时纵向已经处于临界静稳定或弱静不稳定状态，其引起的滚转力矩较小，副翼偏转较小角度即可达到平衡。

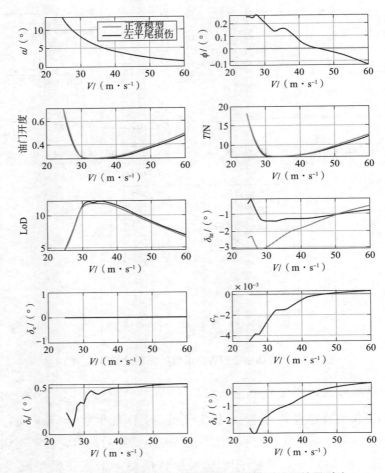

图 4-6　左平尾 50% 损伤模型与未损伤模型配平结果对比

(2) 带侧滑定直平飞特性。对于平尾损伤模型，各个侧滑角的配平计算结果如图 4-7 所示。与机翼损伤模型不同的是，平尾损伤模型在指定的侧滑角下均能达到平衡飞行状态。可以看出，当 $\beta=\pm5°$ 时，飞机在速度范围内均可以配平，且配平迎角与无侧滑时的配平迎角接近，说明侧滑角对纵向状态的影响不大，当 $\beta=\pm10°$ 时，飞机在低速时无法配平。由图 4-6 可以看出，平尾损伤模型与未损伤模型的差别较小，对飞机的正常飞行影响不大。

第4章 故障及结构损伤飞机动力学与飞行性能

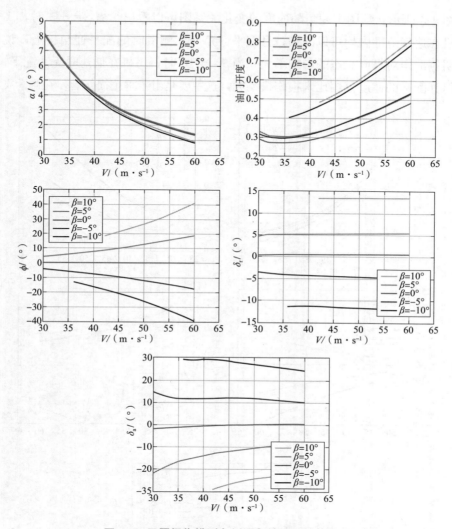

图 4-7 平尾损伤模型各侧滑角的配平计算结果

3. 垂尾损伤模型定直平飞性能

（1）不带侧滑定直平飞特性。垂尾损伤主要影响航向静稳定性和动稳定性，对纵向特性影响较小。故在不带侧滑定直平飞下，损伤模型与未损伤模型平飞特性相同，这里不再展开叙述。

（2）带侧滑定直平飞特性。垂尾损伤模型各侧滑角的配平计算结果如

图 4-8 所示。从图中迎角随速度的变化关系图可以看出，当 $\beta=\pm 5°$ 时，飞机在速度范围内均可以配平，且配平迎角与无侧滑时的配平迎角接近，说明侧滑角对纵向状态的影响不大，当 $\beta=\pm 10°$ 时，飞机在低速时无法配平，但其配平的速度范围比未损伤模型大，这主要是由于垂尾损伤后，在侧滑飞

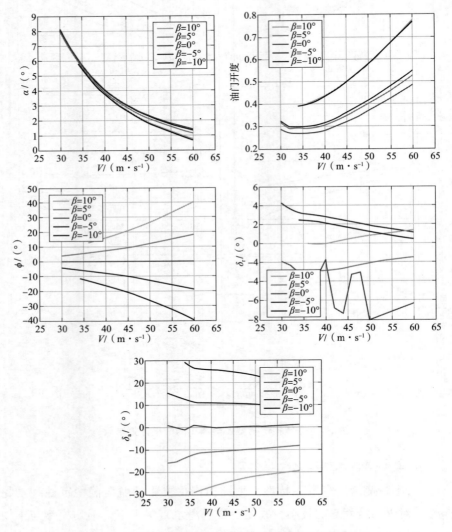

图 4-8　垂尾损伤模型各侧滑角的配平计算结果

行状态下,垂尾对飞机的航向稳定影响减小,故其在低速状态更容易配平。由图4-8中的油门开度与速度的变化关系图可以看出当飞机存在侧滑角时,在相同速度下,配平油门开度与无侧滑时相比都会变大,且侧滑角越大,配平油门开度越大,随着侧滑角的增大,配平油门开度增大的情况更明显。这说明当飞机存在侧滑角时,会在基准状态的基础上产生一定的阻力,为了保持受力平衡,配平推力和油门开度便会增加。且垂尾损伤模型相较于未损伤模型在各个侧滑角下其油门开度均较小,这主要是由于垂尾损伤后,其配平阻力明显小于未损伤模型,故油门开度变小。对于滚转角,垂尾损伤模型侧滑状态下的侧力明显要小于未损伤模型,故其滚转角较小。对于垂尾损伤模型,在正常飞行状态下会产生正滚转力矩、正侧力和负偏航力矩,而飞机正侧滑时会产生负滚转力矩、负侧力和正偏航力矩,故侧滑与垂尾损伤带来的影响会相互抵消一部分。因此,在同样的飞行速度下,配平时的滚转角、副翼偏角和方向舵偏角都会偏小,且由于垂尾损伤带来的影响相对较大,在 $\beta=5°$ 正侧滑时,方向舵还需要负偏来抵消其带来的负偏航力矩,而当 $\beta=10°$ 时,侧滑的影响才超过垂尾损伤带来的影响,故需要方向舵正偏抵消侧滑带来的正偏航力矩。

4.2 基于可达平衡集的平衡特性及稳定性

4.2.1 可达平衡集计算方法

1. 绕速度矢量轴滚转动力学

飞机在极限飞行状态下绕机体轴滚转运动时,存在运动耦合特性。当飞机绕机体轴滚转运动时,迎角 α 和侧滑角 β 会相互转化。若飞机以迎角 $\alpha=\alpha_0$ 定直平飞中,绕机体坐标系 $O_b x_b$ 轴滚转,迎角 α 将转化为侧滑角 β。若在绕机体轴滚转时存在初始侧滑角 $\beta=\beta_0$,侧滑角 β 将根据式(4.2)和式(4.3)转化为迎角 α。

$$\dot{\beta} = p\sin\alpha - r\cos\alpha - \dot{\gamma}\sin\mu + \dot{\chi}\cos\mu\cos\gamma \tag{4.2}$$

$$\dot{\alpha} = q - \tan\beta(p\cos\alpha + r\sin\alpha) - \frac{1}{\cos\beta}(\dot{\gamma}\cos\mu + \dot{\chi}\sin\mu\cos\gamma) \tag{4.3}$$

这种运动耦合现象在飞行迎角超过失速迎角时尤为明显,会引起较大的侧滑角,因此飞机在极限飞行状态时,滚转运动一般是绕速度矢量轴滚转,而不是绕机体轴滚转。

然而当飞机在极限飞行状态下绕速度矢量轴滚转时,存在惯性耦合特性,这是由于速度矢量轴与机体轴不统一,机身质量分布集中在两端,引起了哑铃效应,继而产生惯性耦合现象,导致了偏离的发生。纵向产生的俯仰力矩使飞机的机头上仰,迎角产生偏离,导致飞机的操纵效能变差,横向的偏航力矩和滚转力矩会阻碍飞机的滚转运动,也会造成不利影响,甚至使飞机产生侧滑导致飞机失控。

以下主要讨论惯性耦合产生的俯仰力矩,当飞机绕速度矢量轴以滚转角速度 ω 做滚转运动,且侧滑角 $\beta=0$ 时,滚转角速度 p 和偏航角速度 r 的表达式如下:

$$\begin{cases} p = \omega\cos\alpha \\ r = \omega\sin\alpha \end{cases} \tag{4.4}$$

产生的惯性耦合力矩 M_{ic} 的表达式如下:

$$M_{ic} = (I_z - I_x)pr \tag{4.5}$$

可得

$$M_{ic} = (I_z - I_x)\omega^2\cos\alpha\sin\alpha = \frac{1}{2}(I_z - I_x)\omega^2\sin2\alpha \tag{4.6}$$

由式(4.6)可以看出,当迎角为正时,产生的惯性耦合力矩为正,即产生抬头力矩。当迎角一定时,惯性耦合力矩 M_{ic} 与滚转角速度 ω 的平方成正比,当绕速度矢量轴滚转角速度一定时,在 $\alpha=45°$ 时惯性耦合力矩有最大值。

由于绕速度矢量轴滚转角速度较大时,会产生较大的惯性耦合力矩,使飞机的操纵效能大幅下降,可能会引起迎角偏离导致飞机失控。因此在极限飞行状态下,飞机绕速度矢量轴滚转角速度不宜过大,以保证飞机具有良好的飞行性能,使飞行安全有所保障。

第4章 故障及结构损伤飞机动力学与飞行性能

2. 动态配平

飞机在常规飞行状态下，通过姿态控制改变飞行速度矢量，在极限飞行状态下，短时间内飞机的姿态响应要比飞行速度矢量快很多，因此在非线性系统中，将状态向量 $x=[x_s, x_f]^T \in \mathbf{R}^n$ 按照响应速度进行划分，分为快变量 $x_f \in \mathbf{R}^l$ 与慢变量 $x_s \in \mathbf{R}^{n-l}$，其中，快变量包括气流角和角速度等。与常规飞行的静态配平不同，极限飞行状态下的快变量先达到配平点，慢变量可以视为常量。

由快变量和慢变量表示的系统的微分方程如下

$$\begin{cases} \dot{x}_f = f_f(x_s, x_f, \delta) \\ \dot{x}_s = f_s(x_s, x_f, \delta) \end{cases} \quad (4.7)$$

在极限飞行状态下，飞机达到一种准平衡状态，快变量的微分为 0，慢变量大小不变，即 $\dot{x}_f=0$，$x_s=x_{s0}$，这种配平方式称为动态配平。

在常规配平方法的基础上，采用动态配平的方法，可以分析飞机在稳态绕速度矢量轴滚转运动时的状态约束，为飞机在极限飞行状态下的动稳定性分析提供基础。

3. 绕速度矢量轴滚转运动的约束条件

当飞机在极限飞行状态下处于动态配平点附近时，非线性飞行动力学方程可以用快变量和慢变量的微分方程表示，其中快变量的微分方程如下：

$$\dot{x}_f = f(x_s, x_f, \delta) = 0 \quad (4.8)$$

式中，快变量 $x_f=(\alpha, \beta, p, q, r)^T$，$\delta$ 为控制舵面的偏角，$\delta=(\delta_a, \delta_e, \delta_r, \delta_{ht})^T$，$f(x_s, x_f, \delta)$ 是光滑的非线性函数。

飞机在稳态绕速度矢量轴滚转的运动过程中，速度主要由推力提供，可以将速度近似为常量，除了飞行速度 V，慢变量还包括迎角 α 和绕速度矢量轴滚转角 ω。

为了防止飞机产生偏离引起失控，令 $\beta=0$，可以得到飞机绕速度矢量轴滚转运动的约束条件如下：

$$\begin{cases} \beta = 0 \\ \dot{\alpha} = 0, \dot{\beta} = 0, \dot{p} = 0, \dot{q} = 0, \dot{r} = 0 \\ V = V_0 \\ \alpha = \alpha_0 \\ \omega = \omega_0 \end{cases} \quad (4.9)$$

根据坐标转换关系，绕速度矢量轴滚转角速度 ω 可以根据如下表达式求得

$$\omega = p\cos\alpha\cos\beta + q\sin\beta + r\sin\alpha\cos\beta \quad (4.10)$$

4.2.2 结构损伤飞机可达平衡集

根据绕速度矢量轴滚转运动的约束条件和控制舵面的限制，通过可达平衡集方法，可以在二维状态平面内计算飞机在极限飞行状态下的平衡特性和稳定性。

1. 可达平衡集计算方法

与对单独的状态点进行飞行动力学特性分析不同，可达平衡集是从状态集合的角度出发，对二维状态平面内的平衡特性和稳定性进行分析，从而分析飞机的飞行性能与飞行品质。

基于上述使用的常规飞行状态的配平方法，给定计算条件，包括飞行速度、高度、迎角、侧滑角和绕速度矢量轴滚转角速度的初值。根据相应的约束条件，由于飞行状态量的属性包含导数是否为 0，因此 $\dot{p}=0$、$\dot{q}=0$、$\dot{r}=0$ 的约束条件可以在此处设置，由于输出量的属性包含初值大小和是否为已知量，因此 $V=V_0$、$\alpha=\alpha_0$、$\beta=0$、$\omega=\omega_0$ 的约束条件可以在此处设置。由于输出量没有导数是否为 0 这一属性，因此为了约束 $\dot{\alpha}=0$ 和 $\dot{\beta}=0$，要将 $\dot{\alpha}$ 和 $\dot{\beta}$ 作为输出量，这也是在前面推导迎角 α 和侧滑角 β 的微分方程的原因之一。

将 $\dot{\gamma}$ 和 $\dot{\chi}$ 用气动力表示，可以得到 $\dot{\alpha}$ 和 $\dot{\beta}$ 的表达式如下

第4章 故障及结构损伤飞机动力学与飞行性能

$$\begin{cases} \dot{\alpha} = q - \tan\beta(p\cos\alpha + r\sin\alpha) + \dfrac{1}{mV\cos\beta}(mg\cos\gamma\cos\mu - L) \\ \dot{\beta} = p\sin\alpha - r\cos\alpha + \dfrac{1}{mV}(mg\cos\gamma\sin\mu + C) \end{cases} \tag{4.11}$$

以上是对绕速度矢量轴滚转运动的约束条件的设置,在 α 和 ω 形成的二维状态平面内,一部分状态点由于受到控制舵面的限制无法实现动态配平,形成了由操纵效能限制的平衡边界,通过对饱和的舵面进行分类,可以确定在平衡边界上受到限制的控制舵面。另一部分状态点可以实现动态配平,对配平点进行小扰动线性化得到特征根,对特征根进行分类并进行模态分析,可以分析状态集合的动稳定性。可达平衡集计算方法流程如图 4-9 所示。

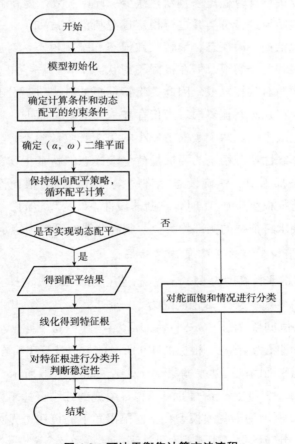

图 4-9 可达平衡集计算方法流程

如图 4-9 所示，保持纵向配平策略指的是在初始化舵面约束条件下，令升降舵不偏转，以平尾偏转来配平，当配平结果中平尾偏转角达到最大值或最小值，则改变舵面约束条件，令平尾偏转角为最大值或最小值，再以升降舵偏转来配平。

在进行二维状态平面的循环配平计算时，将二维平面分为 $\omega \leqslant 0$ 和 $\omega > 0$ 两部分分别计算，如在某迎角下，ω 从 0 开始向 ω_{min} 的方向依次取值并进行配平计算，当控制舵面饱和导致无法实现动态配平时，则 ω 不需要取更小的值进行配平计算，该状态点左侧的状态点都会由于控制舵面饱和而无法配平。该方法与 ω 从 ω_{min} 到 ω_{max} 依次取值进行配平计算相比，在计算前对是否有必要进行计算做出了判断，减少了计算次数，提高了计算效率。

对特征根结果进行分类并进行稳定性分析的方法如下。飞机常规飞行的横向模态包括荷兰滚模态、滚转收敛模态和螺旋模态，对应的特征根是一对共轭复根和两个实根。但在极限飞行状态下，计算结果表明，特征根可能会退化成两对共轭复根。因此，将特征根的结果进行分类，首先要判断特征根中存在几对共轭复根。当仅存在一对共轭复根时，一对共轭复根对应的是荷兰滚模态，两个实根中较小的是滚转收敛模态，较大的是螺旋模态。此时非线性系统稳定的要求是荷兰滚模态的特征根实部和滚转收敛模态的特征根都为负，螺旋模态允许缓慢发散，特征根允许为一个小正数，此处取特征根小于 0.01 时，判断非线性系统为稳定的。当存在两对共轭复根时，要求特征根的实部均为负，判断非线性系统为稳定的。

2. 未受损模型可达平衡集计算结果分析

指定飞机的飞行高度为 640 m，飞行速度为 30 m/s。$\alpha \in [\alpha_{min}, \alpha_{max}]$，其中 $\alpha_{min} = -10°$，$\alpha_{max} = 60°$，取值间隔为 2°；$\beta \in [\beta_{min}, \beta_{max}]$，其中 $\beta_{min} = -10°$，$\beta_{max} = 10°$，取值间隔为 2°；$\omega \in [\omega_{min}, \omega_{max}]$，其中 $\omega_{min} = -700°/s$，$\omega_{max} = 700°/s$，取值间隔为 10°/s。根据图 4-9 所示的方法计算飞机在 α、β 和 ω 组成的三维状态平面内的可达平衡集。计算结果如图 4-10 所示。图 4-11 所示为侧滑角 $\beta = 0°$、$\beta = 4°$、$\beta = -4°$ 时，α 和 ω 组成的二维可达平衡集与舵面饱和图。图 4-12 所示为未受损模型在不同侧滑角下的可达边界对比。图 4-13 为典型特征根分布图例。表 4-1 为可达平衡集符号及含义。

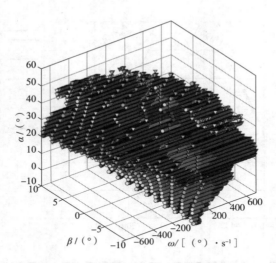

图 4-10 未受损模型 α、β 和 ω 三维可达平衡集

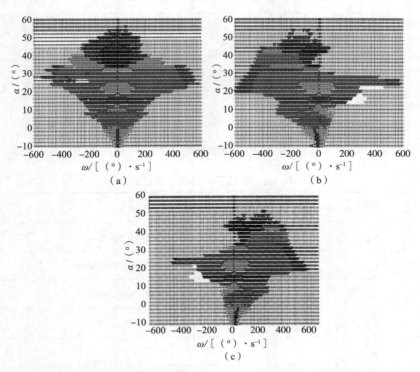

图 4-11 未受损模型不同侧滑角下的二维可达平衡集与舵面饱和图

(a)$\beta=0°$;(b)$\beta=4°$;(c)$\beta=-4°$

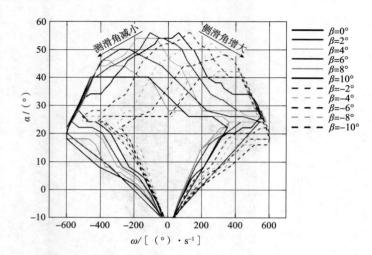

图 4-12　未受损模型在不同侧滑角下的可达边界对比

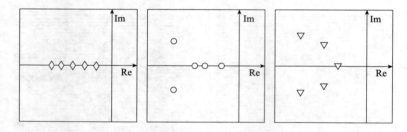

图 4-13　典型特征根分布图例

表 4-1　可达平衡集符号及含义

符号	含义
◇	5 个特征根均为实根
○	5 个特征根中有 1 对共轭复根
▽	5 个特征根中有 2 对共轭复根
▨	所有模态均稳定
▨	1 个模态不稳定
▨	2 个模态不稳定

第 4 章　故障及结构损伤飞机动力学与飞行性能

续表

符号	含义
■	3 个模态不稳定
＊	平尾偏角正向饱和
＊	平尾偏角负向饱和
＋	副翼偏角正向饱和
＋	副翼偏角负向饱和
×	升降舵偏角正向饱和
×	升降舵偏角负向饱和
•	方向舵偏角正向饱和
•	方向舵偏角负向饱和

由图 4-11(a)可以看出，当 $\beta=0°$，可达平衡集基本是左右对称的。

从控制舵面限制的角度分析，可以得到如下结论。

随着迎角的增大，飞机所能达到的绕速度矢量轴滚转角速度先增大后减小，这说明飞机的滚转控制效能随着迎角的增大是先增大后减小的，当 $\alpha=28°$ 时，绕速度矢量滚转角速度有最小值 $-540°/s$；当 $\alpha=26°$ 时，绕速度矢量滚转角速度有最大值 $550°/s$。

在大多数迎角下，飞机的最小绕速度矢量滚转角速度受到了副翼最大正偏角的限制，最大绕速度矢量滚转角速度受到了副翼最大负偏角的限制。当 $46°\leqslant\alpha\leqslant52°$ 时，飞机的最小绕速度矢量滚转角速度受到了方向舵最大正偏角的限制；当 $50°\leqslant\alpha\leqslant52°$ 时，最大绕速度矢量滚转角速度受到了方向舵最大负偏角的限制。

飞机能达到的最大迎角为 $56°$，最大迎角受到了升降舵最大负偏角的限制。当 $22°\leqslant\alpha\leqslant34°$ 时，飞机在较大的 ω 下运动，平尾偏角会正向饱和，升降舵存在偏转；当 $\alpha\geqslant34°$，$|\omega|\geqslant210°$ 时，平尾有极大概率会出现负向饱和，这时需要升降舵来配平。

从可达平衡集内部状态的动稳定性的角度进行分析,可以得到如下结论。

(1)绝大多数平衡点都具有一对或两对共轭复根,只有在 $\omega=0°$ 附近会出现全实根的现象,且实根平衡点至少有两个模态是稳定的。

(2)具有一对共轭复根的平衡点仅出现在小迎角或小绕速度轴滚转角速度的附近;具有两对共轭复根的平衡点仅出现在大迎角或大绕速度轴滚转角速度的附近。

(3)当 $0°\leqslant\alpha\leqslant12°$、$18°\leqslant\alpha\leqslant32°$、$46°\leqslant\alpha\leqslant52°$ 时,在所达平衡集范围内,绝大多数平衡点的所有模态都是稳定的。

由图 4-11、图 4-12 中可以看出,随着侧滑角的变化,飞机的可达平衡集与零侧滑时具有较大差异,具体表现如下。

(1)随着侧滑角 $|\beta|$ 的增加,飞机 α-ω 平面可达平衡集的对称性逐渐遭到破坏,且 $|\beta|$ 越大,非对称性越强;当 $\beta<0°$ 时其可达平衡集向 ω 的负方向偏移,当 $\beta>0°$ 时其可达平衡集向 ω 的正方向偏移,且 $|\beta|$ 越大偏移量越多;且 β 与 $-\beta$ 的可达平衡集基本上关于 $\omega=0°$ 轴对称。

(2)随着侧滑角 $|\beta|$ 的增加,飞机的迎角可达平衡集逐渐减小,当 $\beta=0°$,其能达到的最大迎角为 $\alpha=56°$,而当 $\beta=\pm10°$,其能达到的最大迎角已减小至 $40°$。

(3)与 $\beta=0°$ 类似,在不同的侧滑角下,在 α-ω 平面内,随着迎角的增加,飞机所能达到的绕速度矢量轴滚转角速度的范围先增大后减小,说明飞机的滚转控制效能随着迎角的增大是先增大后减小的;当 $|\beta|<8°$ 时,随着 α 的增加,飞机在可达平衡集范围内的变化是连续的,当 $|\beta|\geqslant8°$ 时,飞机在 $\alpha=34°$ 附近开始出现不平衡区,且随着侧滑角的增加不平衡区逐渐向下扩散。

(4)飞机在带侧滑飞行时其舵面饱和情况与无侧滑飞行时类似,最大迎角主要是受平尾负偏角和副翼负偏角限制;在最大迎角范围内,其最小滚转角速度主要受副翼正偏角限制,而最大正滚转角速度主要受副翼负偏角的限制;当 $\beta\geqslant8°$ 时,中间出现的不平衡区主要受到副翼最大负偏角的限制,而当 $\beta\leqslant-8°$ 时,中间出现的不平衡区主要受到副翼最大正偏角的限制。

(5)虽然随着 β 的变化，飞机的可达集在 ω 方向上出现了不同程度的偏移，但在 α 方向上，飞机在 $0°\leqslant\alpha\leqslant12°$、$18°\leqslant\alpha\leqslant32°$、$46°\leqslant\alpha\leqslant52°$范围内绝大多数的平衡点的所有模态都是稳定的。在此范围外的平衡点飞机有极大概率出现一个甚至两个不稳定模态，在该范围内飞行时应时刻关注飞机的状态，以免失控。

3. 机翼损伤模型可达平衡集计算结果分析

在同样的计算条件下，机翼 25%损伤模型在 α、β 和 ω 组成的三维平面内的可达平衡集计算结果如图 4-14 所示。图 4-15 所示为侧滑角 $\beta=0°$、$\beta=4°$、$\beta=-4°$时，α 和 ω 组成的二维可达平衡集与舵面饱和图。

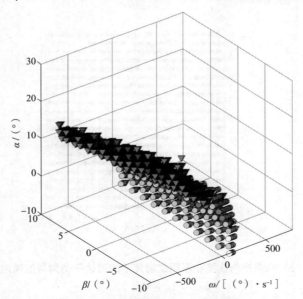

图 4-14 机翼 25%损伤模型可达平衡集计算结果

由图 4-15 可以看出：

(1)当飞机左机翼损伤后，飞机在 α-ω 平面内的可达平衡集会向 ω 的负方向倾斜，即随着迎角的增加，飞机所能达到的最小绕速度矢量轴滚转角速度逐渐减小，最大绕速度矢量轴滚转角速度也逐渐减小，但在每个迎角下飞机所能达到的绕速度矢量轴滚转角速度范围先增加后减小；

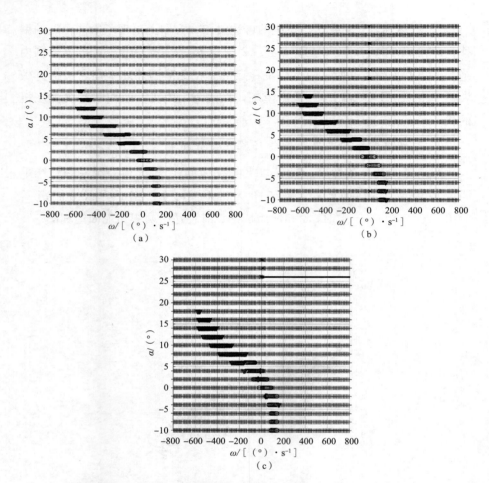

图 4-15 机翼损伤模型在不同侧滑角下的可达平衡集与舵面饱和图
(a)$\beta=0°$；(b)$\beta=4°$；(c)$\beta=-4°$

(2)当 $\alpha=12°$ 时，绕速度矢量轴滚转角速度有最小值 $-570°/s$，当 $-10°\leqslant\alpha\leqslant4°$，绕速度矢量轴滚转角速度有最大值 $140°/s$，飞机能达到的最大迎角为 $16°$；

(3)当 $\alpha\leqslant-2°$ 时，在所有平衡点内副翼均正向饱和，当 $\alpha\geqslant4°$ 时，在所有平衡点内副翼均负向饱和，当 $-2°<\alpha<4°$ 时，最小绕速度矢量轴滚转角速度主要受副翼正向饱和限制，最大绕速度矢量轴滚转角速度主要受副翼负向饱和限制。

(4)当 $\alpha \leqslant 6°$ 且 $\omega \geqslant -150°/s$ 时,飞机的平衡点具有 1 对共轭复特征根,当 $\alpha \geqslant 4°$ 且 $\omega < -150°/s$ 时,飞机的平衡点具有 2 对共轭复特征根;当 $\alpha \leqslant 0°$ 时,飞机绝大多数平衡点有 1 个模态不稳定。

从不同侧滑角来看,随着 β 的减小,飞机的可达集逐渐向 ω 正方向偏移,飞机能达到的最大迎角也逐渐增加,从 12° 增加至 20°。由此可见,当飞机出现左机翼损伤时,适当的左侧滑可增加飞机的可达平衡集,利于飞机的安全飞行。

4. 平尾损伤模型可达平衡集计算结果分析

在同样的计算条件下,平尾 25% 损伤模型在 α、β 和 ω 组成的三维状态平面内的可达平衡集计算结果如图 4-16 所示。图 4-17 所示为侧滑角 $\beta=0°$、$\beta=4°$、$\beta=-4°$ 时,α 和 ω 组成的二维可达平衡集与舵面饱和图。

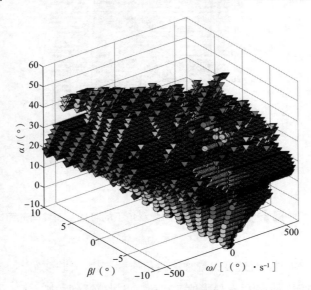

图 4-16 平尾 25% 损伤模型可达平衡集计算结果

由图 4-17 可以看出:

(1)当飞机左平尾损伤后,飞机在 α-ω 平面内的可达平衡集会向 ω 的负方向倾斜,但倾斜量较小,仅在大迎角下倾斜较明显。

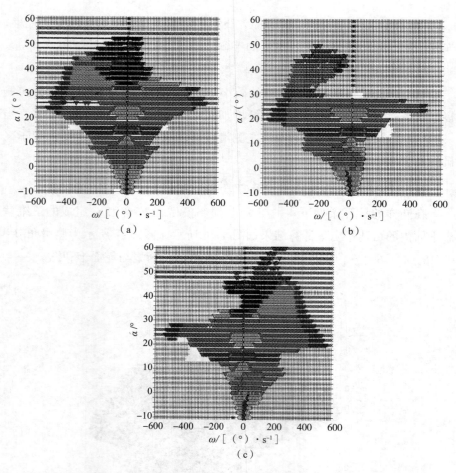

图 4-17 平尾 25% 损伤模型在不同侧滑角下的可达平衡集与舵面饱和图

(a)$\beta=0°$；(b)$\beta=4°$；(c)$\beta=-4°$

(2)当 $\alpha=24°$ 时，绕速度矢量轴滚转角速度有最小值 $-530°/s$；当 $\alpha=26°$ 时，绕速度矢量轴滚转角速度有最大值 $520°/s$，飞机能达到的最大迎角为 $52°$。

(3)当 $\alpha \leqslant 20°$ 时，飞机绕速度矢量轴滚转角速度最小值受副翼正偏角的限制，绕速度矢量轴滚转角速度最大值受副翼负偏角的限制；当 $\alpha > 20°$ 时，在 ω 极大值、极小值处平尾正偏角达到最大，需偏转升降舵配平；当 $\alpha \geqslant 34°$ 时即使 ω 较小平尾正偏角也达到了最大值。

在小迎角、小滚转角速度下，飞机的平衡点更容易出现 1 对共轭复根，在大滚转角速度下，飞机的平衡点更容易出现 2 对共轭复根。

从不同侧滑角来看，随着 β 的减小，飞机的可达平衡集逐渐向 ω 正方向偏移，飞机可达平衡集先增加后减小，能达到的最大迎角也先增加后减小，当 $\beta=-4°$ 时飞机有最大可达平衡集。由此可见，当飞机出现左平尾 25% 损伤时，飞机以 $\beta=-4°$ 侧滑飞行时具有最大的可达平衡集，最有利于飞机的安全飞行。

5. 垂尾损伤模型可达平衡集计算结果分析

同样的计算条件下，垂尾 25% 损伤模型在 α、β 和 ω 组成的三维状态平面内的可达平衡集计算结果如图 4-18 所示。图 4-19 所示为侧滑角 $\beta=0°$、$\beta=4°$、$\beta=-4°$ 时，α 和 ω 组成的二维可达平衡集与舵面饱和图。

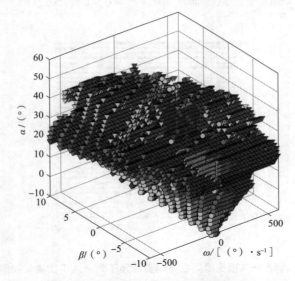

图 4-18　垂尾 25% 损伤模型可达平衡集计算结果

从图 4-19 中可以看出：

(1) 垂尾损伤后，飞机的不平衡点增多。飞机在 $\alpha=28°$ 时能达到最小绕速度轴滚转角速度 $\omega=-550°/s$；在 $\alpha=24°$ 时能达到最大绕速度轴滚转角速度 $\omega=570°/s$，飞机能达到的最大迎角为 52°。

(2) 随着 β 减小，飞机的可达集逐渐向 ω 正方向偏移，飞机可达平衡集先增加后减小，能达到的最大迎角也先增加后减小，当 $\beta=\pm2°$ 时飞机有最大可达平衡集。由此可见，当飞机出现垂尾 25% 损伤时，飞机以 $\beta=\pm2°$

侧滑飞行时具有最大的可达平衡集，最有利于飞机的安全飞行。

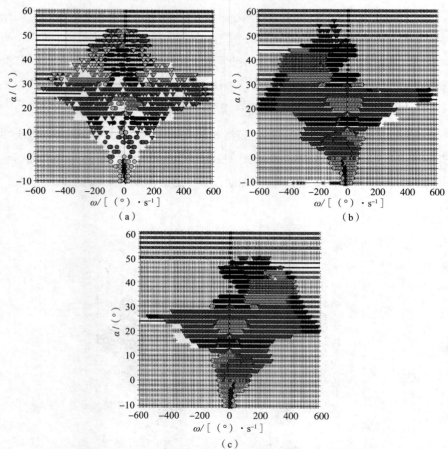

图 4-19 垂尾 25%损伤模型在不同侧滑角下的可达平衡集与舵面饱和图
(a)$\beta=0°$；(b)$\beta=4°$；(c)$\beta=-4°$

4.3 基于分岔分析的全局稳定性

4.3.1 分岔分析方法

基于分岔理论的非线性全局稳定性方法是研究飞机非线性稳定性的重

第4章 故障及结构损伤飞机动力学与飞行性能

要途径,是分析研究诸如滚转耦合、机翼摇滚、偏离、失速/过失速/尾旋、驾驶员诱发振荡等非线性飞行动力学问题的一个重要手段。

1. 分岔分析理论

采用分岔分析方法进行动力学分析的第一步是建立飞机动力学系统的数学模型;然后进行平衡点和周期解的延拓,利用延拓算法尽可能详细地计算平衡点和周期解随各个控制变量的变化情况,并确定其稳定性;其次进行分岔点的延拓;进一步对所关心的吸引因子(稳定的平衡点和稳定的周期解)计算其吸引域;最后采用数值方法计算飞机在给定飞行状态初值下对控制输入的响应,验证分岔分析的结果。

具体而言,飞机的运动可由一组非线性微分方程来描述:

$$\dot{x} = f(x, c) \tag{4.12}$$

式中,x 为状态向量,由速度、迎角、侧滑角、角速率、姿态角等构成;c 为控制向量。对于飞机本体,c 由舵偏角构成;对于带飞控系统的飞机,c 由控制指令构成。

讨论上述微分方程所描述的系统稳定性时,一般先研究状态向量和控制向量组合的某个状态,使得式(4.12)右端为 0,即系统在 $f(x, c) = 0$ 点(相当于飞机的某一基准状态)附近的稳定性,称为局部稳定性,满足该等式的点称为平衡点。

当控制向量 c 从 c_0 做很小的变化时,若对应的平衡点的个数、平衡点的稳定性情况、周期吸引子的个数、周期吸引子的稳定性情况发生变化,则将 c_0 称为控制向量 c 的分岔点。

在飞机运动的描述中,比较容易出现的是静态分岔和霍普夫(Hopf)分岔问题。静态分岔是研究静态方程 $f(x, c) = 0$ 的解的数目随参数 c 的变化而发生的突然变化。平衡点的局部稳定性由平衡点的 Jacobian 矩阵的特征值来判断。Hopf 分岔是指参数 c 的变化经过分岔点时,从平衡点产生孤立的周期运动的现象,即极限环振荡。

2. 分岔分析数值解算方法

由于非线性问题的多解性以及存在转折点、分岔点之类的奇异现象,普通求解非线性方程组的方法总是试图避免奇异现象。然而,奇异点附近解流形拓扑性态的转变,在物理上往往反映状态的突变或跳跃,如大迎角下的机翼摇晃、上仰和尾旋,这正是飞机非线性动力学所关心的。因此,关于分岔问题的数值方法越来越引起人们的重视。

用数值方法研究非线性含参数的常微分方程如下:
$$\dot{x} = f(x,c) \tag{4.13}$$
通常化为求解如下含参数的非线性代数方程:
$$f(x,c) = 0 \tag{4.14}$$
如令 $y=(x,c) \in \mathbf{R}^{n+1}$,忽略状态变量 x 和参变量 c 的差别,可将上述方程改写为 $f(y)=0$,函数 $f(y)$ 的 Frechet 导数是一个 $n \times (n+1)$ 的矩阵 $Df(y)=\left(\frac{\partial f^i}{\partial y^i}\right)$。

定义一个 $\mathbf{R}^{n+1}$ 上的矢量场:
$$v(y) = (v^1, v^2, \cdots, v^{n+1})^{\mathrm{T}} \tag{4.15}$$
它的每个分量 v^j 是由 $Df(y)$ 的第 j 列的余因子构成的,即
$$v^j = (-1)^j \det\left(\frac{\partial f}{\partial y^1}, \cdots, \widehat{\frac{\partial f}{\partial y^j}}, \cdots, \frac{\partial f}{\partial y^{n+1}}\right), (j=1,\cdots,n+1) \tag{4.16}$$
式中,"⌢"表示去掉所指的列。

为了了解在参数连续变化时,非线性方程组 $f(x,c)=0$ 的解的发展情况,并从中发现解的奇异性,常常采用延续算法(continuation method)数值求解,就是从方程组的一个初始解点出发,一般采用牛顿(Newton)迭代,一步步对解曲线连续地跟踪,从而得到解随参数的变化规律。但遇到转折点、分岔点之类的奇异点,上述方法将失效。对静态分叉的计算,可以证明若向量场 v 在某一维解流形 Γ 上相邻两点 a 和 b 处改变方向,即
$$\mathrm{sgn}(v^i|a) + \mathrm{sgn}(v^i|b) = 0, (i=1,2,\cdots,n+1) \tag{4.17}$$
则 a 和 b 两点之间 Γ 上必存在一个静态分岔点,可用二分法将奇异点准确定位。

对于 Hopf 分岔,设定 $\lambda_i(c)$ 为 $A=Df(x)$ 的特征值($i=1,2,\cdots,n$),若 $\lambda_i(c_0)=i\omega(\omega \neq 0)$,则出现 Hopf 分岔。至于如何数值追踪周期解轨道,可以采用插值函数来描述极限环,化追踪周期性闭轨这一动态问题为求解更高维空间中的解曲线的静态问题,从而可用伪弧长算法连续跟踪周期轨道。

3. 分岔分析数值计算软件

有许多软件可以用于动力学系统分析分岔问题，其中比较著名的是由 Doedel 等人开发的基于 Fortran 语言的工具软件 AUTO，以及由 Dankowicz 等人开发的基于 Matlab 语言的工具软件 CoCo。CoCo 工具软件在 Matlab 环境下运行，完全开源，使用灵活、方便。在本项目研究中，采用 CoCo 工具软件进行分岔分析计算。

对于非线性代数方程组，当分岔参数连续变化时，CoCo 能够实现以下功能。

(1) 完成对平衡解的计算和追踪；
(2) 发现静态分岔点，并自动计算分岔分支，判断其稳定性；
(3) 判别 Hopf 分岔点；
(4) 当两个分岔参数同时变化时，完成对回转点和 Hopf 分岔点的跟踪。

对于非线性常微分方程组，CoCo 能够完成如下功能。

(1) 对周期轨道进行追踪，并计算判定其稳定性的 Floquet 乘数；对 Hopf 分岔引起的极限环运动，计算周期、振幅和稳定性；
(2) 在周期轨道上发现倍周期分岔点和拟周期分岔点；
(3) 对同宿轨线进行跟踪，并发现同宿轨线分岔；
(4) 当两个分岔参数同时变化时，对倍周期分岔点进行跟踪。

此外，CoCo 也可应用于抛物线型偏微分方程。

4.3.2 结构损伤飞机全局稳定性分析

作为一个分岔分析在结构损伤飞机动力学特性分析中的应用案例，采用基于 1992 年阿姆斯特丹发生的波音 B747 空难事故（El AL Flight 1862）建立的运输机的高保真非线性故障损伤气动模型进行分析。该模型的建立为研究容错飞行控制规律提供了一个基准，它提供了几种具有代表性的飞机损伤类别，包括发动机脱落、机翼结构损伤、控制面气动效率损失、执行器故障等。图 4-20 显示了 1862 号航班事故飞机的故障模式和结构损坏配置。

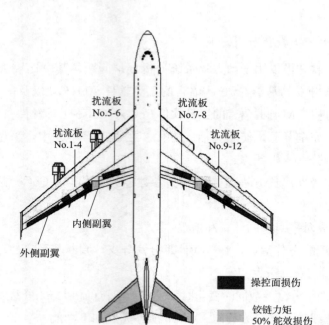

图 4-20　B747 事故飞机的故障模式和结构损坏配置

为了评估损伤后飞机的性能、稳定性与控制能力，计算了包括定直平飞、协调转弯、定直下滑飞行、定直爬升飞行等状态的分岔分析曲线。

1. 定直平飞

在定直平飞阶段，相应的计算约束见表 4-2，并且在计算过程中以升降舵的偏转角度 δ_e 作为自变量计算其他参数值。因此，根据上述方法可同时计算出平飞所需的副翼偏角 δ_a、方向舵偏角 δ_r 和配平点的稳定性。施加约束条件后，便可得到相应的舵面控制范围和性能参数。

表 4-2　定直平飞阶段的约束条件

飞行阶段	约束条件
定直平飞	$\gamma=0$，$\dot{\psi}=0$，$\beta=0$(或者 $\phi=0$)
下降	$\gamma=\gamma_0$，$\dot{\psi}=0$，$\beta=0$，$\gamma_0<0$
爬升	$\gamma=\gamma_0$，$\dot{\psi}=0$，$\beta=0$，$\gamma_0>0$
水平转弯	$\gamma=0$，$\phi=\phi_0$，$\beta=0$，$-30°\leqslant\phi_0\leqslant30°$
下降转弯	$\gamma=\gamma_0$，$\phi=\phi_0$，$\beta=0$，$-30°\leqslant\phi_0\leqslant30°$，$\gamma_0<0$

当飞行高度为 1 800 m，飞机质量为 317 000 kg 时，损伤飞机"零侧滑"定直平飞分岔图如图 4-21 所示。图 4-22 所示为相应飞行条件下的其他参数变化。分岔图图例如图 4-23 所示。从分岔图可以看出，即使在这样严峻的损伤条件下，飞机依然可以定直平飞，只不过需满足以下几个条件。首先，空速 V_{CAS} 必须维持在 113 m/s 以上，且侧滑角应小于 7.5°，这主要是因为大迎角配平点的螺旋模态是发散的，从飞行品质的角度来说这是可以接受的。但是，从图 4-22 所示的所需副翼和方向舵偏转量来看，飞机应该远离不稳定配平条件，因为在这种条件下横向控制余度会减小，舵面也会饱和。由图 4-22(c) 中可以看出，为了抵消平飞状态下的不对称推力导致的侧滑，飞机需要有一定的附加滚转角。

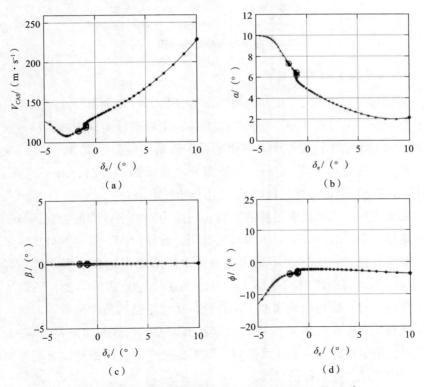

图 4-21　定直平飞分岔图(h=1 800 m, m=31 700 kg)
(a)空速；(b)迎角；(c)偏航角；(d)滚转角

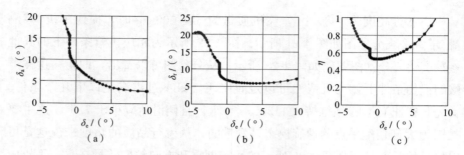

图 4-22 定直平飞其他参数变化

(a)副翼偏角；(b)方向舵偏角；(c)η 参数

图 4-23 分岔图图例

2. 水平转弯和下降转弯

为了探讨损伤条件下的协调性，研究了协调（"零侧滑"）水平转弯和下降转弯操作。通过给飞机一定的倾斜角 ϕ，飞机可以实现定半径转弯。在载有乘客的常规飞行操作中，飞机的最大倾斜角应限制在 30°。不同倾斜角下的水平转弯和下降（$\gamma=-4°$）转弯分岔曲线如图 4-24、图 4-25 所示。图中"分支(a)"表示直线飞行（倾斜角不等于 0°）。

结果表明，飞机具有足够的左右转向能力。水平转弯的稳定区域受到了一定的限制；然而，进一步的研究表明，被标记为不稳定的分支也是可以接受的，这是因为这种不稳定主要是由慢螺旋模态和长周期模态导致的，这些模态的倍增时间足够大，可以满足飞行品质的需要，见表 4-3。当下降转弯时，稳定余度增加了，并且，从稳定性的角度来看，右转弯提高了飞行安全性。由图 4-25 中还可以看出，损伤飞机的迎角 $\alpha<6°$ 并具有适当推力的区域转弯，若在大推力下则需要更多的舵面偏转以抵消非对称力矩，这就增加了失控的风险。

第4章 故障及结构损伤飞机动力学与飞行性能

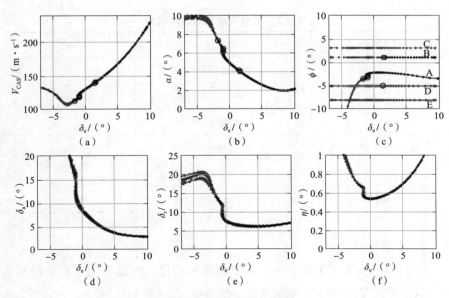

图 4-24 水平转弯分岔图

A—定直平飞；B—右转弯($\phi=1°$)；C—右转弯($\phi=3°$)；D—左转弯($\phi=-5°$)；E—左转弯($\phi=-8°$)
(a)空速；(b)迎角；(c)滚转角；(d)副翼偏角；(e)方向舵偏角；(f)η 参数

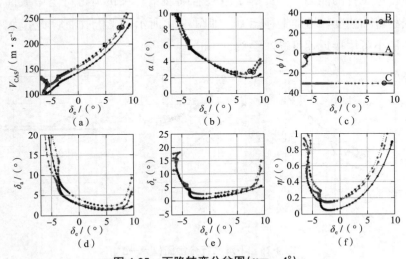

图 4-25 下降转弯分岔图($\gamma=-4°$)

A—定直平飞；B—右转弯($\phi=30°$)；C—左转弯($\phi=-30°$)
(a)空速；(b)迎角；(c)滚转角；(d)副翼偏角；(e)方向舵偏角；(f)η 参数

表 4-3　不稳定模态的倍增时间

水平转弯条件($\delta_e=0$)	倍增时间(T_2)	飞行品质要求
$\phi=1°(\alpha=4.9°)$	650 s(长周期模态)	长周期模态 水平 3：$T_2\geqslant 55$ s
$\phi=3°(\alpha=4.9°)$	215 s(长周期模态)	
$\phi=30°(\alpha=4.8°)$	65 s(长周期模态)	
$\phi=-8°(\alpha=4.9°)$	71 s(螺旋模态)	螺旋模态 水平 1：$T_2\geqslant 12$ s
$\phi=-15°(\alpha=4.8°)$	37 s(螺旋模态)	
$\phi=-30°(\alpha=4.9°)$	28 s(螺旋模态)	

3. 下滑和爬升

下滑飞行代表了下降至决定高度的最后阶段。假设损伤飞机下滑角为 3°，飞行质量等于 1862 次航班事故时的质量(大约为 317 000 kg)。如图 4-26 所示，最小可用接近速度大约为 105 m/s，这一速度比常规 B747-200F 飞机的接近速度(约为 78 m/s)大很多。上述研究表明，损伤飞机具备定直平飞和转弯飞行的能力，因此为了减轻着陆质量，飞机需进行空中放油，以此减小着陆速度，增加生存能力。如图 4-27 所示，飞机放油后质量为 263 t 时，最小可用接近速度减小至约 90 m/s。

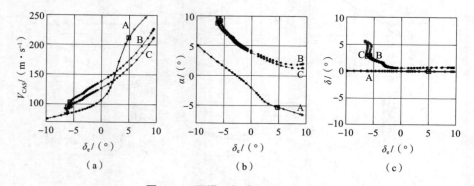

图 4-26　下滑飞行分岔图($\lambda=-3°$)

A—常规构型($\delta_{flap}=30°$，$m=263$ t)；

B—损伤构型($m=317$ t)，C—右转弯($m=263$ t)

(a)空速；(b)迎角；(c)偏航角

第 4 章 故障及结构损伤飞机动力学与飞行性能

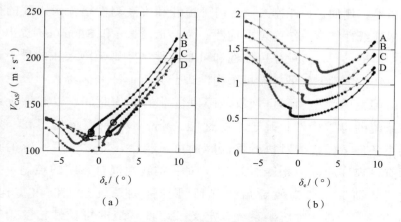

图 4-27 爬升飞行分岔图

A—($\gamma=0°$，$m=317$ t)； B—($\gamma=3°$，$m=317$ t)；
C—($\gamma=5°$，$m=317$ t)； D—($\gamma=3°$，$m=263$ t)

(a)空速；(b)η 参数

不同航迹角下的空速(V_{CAS})分岔图和 η 参数变化如图 4-27 所示。从图中推力配平值可以看出飞机的爬升能力受到飞行质量的极大限制，这也可以通过放油得到缓解(如图 4-27 所示的分岔 D)。

通过对该分岔的分析研究，研究者不仅获得了不同飞行状态下的飞机性能和控制能力等局部信息，还提供了全包线范围内的飞机稳定性特征，同时揭示了飞机结构损伤对飞行性能和稳定性的影响，为控制策略的制定提供依据。

4.4　故障及结构损伤飞机的控制可重构性分析

尽管对于结构性故障飞机尚未明确可重构性分析和评价方法，然而，针对线性时不变系统，已有一些研究在理论上提出了控制可重构性(control reconfigurability)的概念，可以在一定程度上作为本课题研究工作的理论借鉴。例如，Frei 等人[1]利用可控性和可观测性格兰姆矩阵的行列式来描述线性定常系统的可重构性；而 Wu、Zhou 和 Salomon[2]提出利用最小二阶模态[3]，也就是可控性和可观测性格兰姆矩阵乘积的最小奇异值，对线性定常系统的控制可重构性进行分析；Hoblos 等人[4]分析了可恢复故障集的大小和不可恢复故障发生前的平均时间，以此评价线性定常系统的可重构性；基于系统性能，Staroswiecki[5]提出了在一定能量约束条件下，系统对执行器故障的可重构性，即故障后系统的控制问题有可容许的解。此外，文献[6]对一类线性混合系统的控制可重构性进行了研究，认为故障后仍保留可控性的系统是控制可重构的；Yang 等人[7,8]则针对切换系统，定义了切换系统的可控性格兰姆矩阵并以此作为故障可恢复性的评价指标。然而，这些基础性的工作仅仅是基于系统方程对系统特性进行分析，并未针对特定的控制对象结合其系统配置等特点展开研究。

Wu、Zhou 和 Salomon 提出的 LTI 系统控制可重构性的概念，即利用最小二阶模态对线性定常系统的控制可重构性进行分析的具体说明如下。

对于线性时不变系统：

$$\begin{cases} \dot{x}(t) = \boldsymbol{A}x(t) + \boldsymbol{B}u(t) \\ y(t) = \boldsymbol{C}x(t) \end{cases} \quad (4.18)$$

可控性格兰姆矩阵定义为

$$\boldsymbol{W}_c = \int_0^\infty e^{\boldsymbol{A}\tau} \boldsymbol{B}\boldsymbol{B}^T e^{\boldsymbol{A}^T\tau} d\tau \quad (4.19)$$

可观测性格兰姆矩阵定义为

$$\boldsymbol{W}_o = \int_0^\infty e^{\boldsymbol{A}\tau} \boldsymbol{C}^T \boldsymbol{C} e^{\boldsymbol{A}^T\tau} d\tau \quad (4.20)$$

式中，$e^{\boldsymbol{A}\tau} \triangleq \boldsymbol{I} + \boldsymbol{A}t + \frac{1}{2!}\boldsymbol{A}^2 t^2 + \cdots = \sum_{k=0}^{\infty} \frac{1}{k!} \boldsymbol{A}^k t^k$。

求取其乘积 $\boldsymbol{W}_c \boldsymbol{W}_o$ 矩阵的特征值：σ_1^2、σ_2^2、$\cdots$、σ_n^2（σ_i 称为系统的二阶模态），那么，将系统的最小二阶模态 $\sigma_{\min}$ 定义为系统控制可重构性的评价指标。

第 4 章　故障及结构损伤飞机动力学与飞行性能

利用上述定义,以 B747 飞机升降舵不同程度的失效(0 表示升降舵完全失效,1 表示升降舵完好)为例,针对飞机纵向运动(V, α, q, θ)计算控制可重构性指标如图 4-28 所示。可见,该指标可以合理地定量反映飞机的控制可控性。同样地,副翼/方向舵失效对于飞机横航向可重构性指标计算实例如图 4-29 所示。

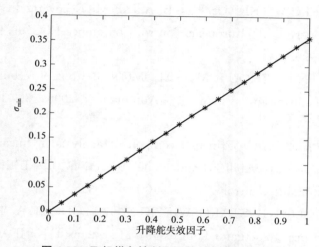

图 4-28　飞机纵向控制可重构性指标计算实例

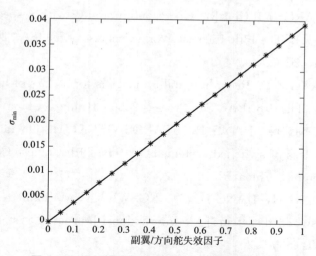

图 4-29　飞机横航向控制可重构性指标计算实例

参考文献

[1] FREI C W, KRAUS F J, BLANKE M. Recoverability viewed as a system property[C]//European Control Conference ECC'99. Karlsruhe, Germany, 1999.

[2] WU N E, ZHOU K M, SALOMON G. Control reconfigurability of linear time-invariant systems[J]. Automatica, 2000, 36(11): 1767-1771.

[3] MOORE B C. Principal component analysis in linear systems: controllability, observability, and model reduction[J]. IEEE Transactions on Automatic Control, 1981, 26(1): 17-32.

[4] HOBLOS G, STAROSWIECKI M, AITOUCHE A. Fault tolerance with respect to actuator failures in LTI systems[C]// IFAC SafeProcess 2000. Budapest, Hungary, 2000.

[5] STAROSWIECKI M. On reconfigurability with respect to actuator failures[C]// The 15th Triennial World Congress of the IFAC 2002. Barcelona, Spain, 2002.

[6] YANG Z Y. Reconfigurability analysis for a class of linear hybrid systems[C]. The 6th IFAC SafeProcess 2006, Beijing, China, 2006.

[7] YANG H, JIANG B, STAROSWIECKI M. On fault recoverability of a class of switched systems [C]. The 29th Chinese Control Conference, Beijing, China, 2010.

[8] YANG H, JIANG B, STAROSWIECKI M. Fault recoverability analysis of switched systems [J]. International Journal of Systems Science, 2012, 43(3): 535-542.

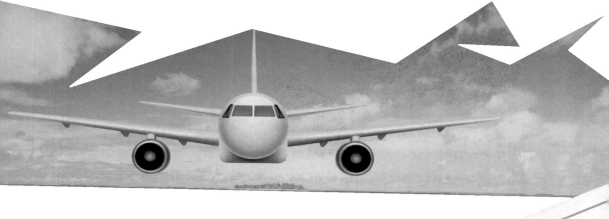

第 5 章

飞机舵面损伤自适应容错控制

5.1 引言

舵面是飞机飞行控制的主要实施手段，它根据控制信号来调整飞机的飞行和稳定。舵面损伤故障可能会导致飞机控制系统性能退化甚至引发事故，因此有必要对舵面损伤故障进行容错控制。为了更进一步地研究飞机运动的动态过程，并得出一般性的结论，在之前的章节中已经建立了飞机故障及结构损伤的数学模型，并且对飞机刚体运动方程进行线性化近似处理，得到便于进行控制方法研究的（常系数）线性微分方程的数学模型形式。

本章第 2 节对于三个姿态角整体使用反步控制结构，构建了适合此控制系统的完整控制器。为了增强控制器的抗扰动能力和鲁棒性，在第二次反步设计时，对被控变量进行滑模控制设计，引入滑模控制的高抗扰能力、强鲁棒性，将滑模系统扩展为二阶滑动动力学，使其由滑动动力学转化为不确定系统的有限时间收敛问题。同时，结合自适应控制律，使得飞机发生舵面损伤时自适应容错控制器能迅速对故障进行增益补偿，使飞机在有故障的情况下还能达到预期飞行轨迹。

本章第 3 节针对执行器出现故障的飞机姿态控制系统，提出了基于滑模反演的主动容错控制方法，建立系统的观测器模型，估计系统的输出，根据系统的实际输出值和估计值的残差来进行故障的检测和隔离。利用系统中的可直接测量的变量（如输入和输出向量）作为观测器的输入信号，使其输出信号在某种指标下等价于原系统的状态，从而完成系统的状态重构。

5.2 基于反步滑模控制的自适应容错方法

5.2.1 方法概述

舵面损伤即执行机构部分失效，能响应控制指令，但是不能达到预期效果，舵面损伤时舵面控制效能损失，表现为舵面控制通道的增益损失，这种故障往往不易被发现。

在对飞机正常状态刚体运动研究的基础上，可得故障状态下的数学模型为

$$\begin{cases} \dot{\boldsymbol{\omega}}_1 = \boldsymbol{\omega}_2 \\ \dot{\boldsymbol{\omega}}_2 = \hat{J}(\boldsymbol{\omega}_2) + \boldsymbol{b}(1-f)\boldsymbol{u} \\ \hat{J}(\boldsymbol{\omega}_2) = J(\boldsymbol{\omega}_2) + \Delta \end{cases} \quad (5.1)$$

式中，故障系数为 f；$\boldsymbol{\omega}_1 = [\phi \quad \theta \quad \psi]$；$\boldsymbol{\omega}_2 = [p \quad q \quad r]$；$\boldsymbol{u} = [\delta_a \quad \delta_e \quad \delta_r]$；

J 为系统状态矩阵；b 为矩阵变量。

随着损伤面积的增加，升力系数明显降低，且幅度越来越大；相对而言，飞机的阻力系数、侧力系数的变化则较小。飞机的升力主要由机翼产生，因此飞机机翼受损最直接的影响就是升力的减小。这样的变化导致飞机的升力不足以平衡飞机的重力，如果驾驶员不进行合理操纵来增加升力，飞机将会下落直至发生坠机事故。

随着左侧机翼损伤程度逐渐增大，滚转力矩系数从零开始明显增大。这表明单侧机翼受损时，机体上会产生较大的滚转力矩破坏飞机的平飞状态，使得飞机发生滚转。俯仰力矩系数、偏航力矩系数随着损伤面积的增加，仅有微小的变化。

通过前文分析可知，要使飞机保持平飞，需要同时保证六个气动系数满足要求，而损伤对各个气动系数均会造成影响，且各系数在调整过程中也会相互影响，因此要实现再平衡是比较困难的[1]。

图 5-1 所示为固定翼飞机自适应滑模容错控制系统整体框图。将该系统输入的三个姿态角的参考信号 $\boldsymbol{\omega}_d$ 与其对应的固定翼飞机模型反馈的输出信号 $\boldsymbol{\omega}_1$ 做差得到系统的状态跟踪误差 z_1；利用光滑虚拟控制输入 α_1 构造对应角速度的状态误差方程 z_2；由 z_2 定义积分滑模面。即滑模面中包含参考信号，则仿真中输入参考信号后可以构造出滑模面；将滑模面 S 代入自适应律的公式得到开关增益估计值；而后把开关增益、损伤程度及模型相关参数等设置到控制器中，得到各个姿态角对应的自适应滑模容错控制器；最后将控制器输出的控制指令运用到固定翼飞机，即完成整个闭环控制系统。

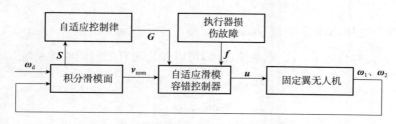

图 5-1　固定翼飞机自适应滑模容错控制系统整体框图

5.2.2 自适应积分滑模控制器设计

对于非线性系统，控制器的设计应确保系统输出的跟踪连续且有界的参考信号 $\boldsymbol{\omega}_d = [\phi_d \quad \theta_d \quad \psi_d]$ 在存在执行器故障和不确定性的情况下，确保跟踪误差动态的渐近稳定性。

定义系统的状态跟踪误差为

$$\begin{cases} \boldsymbol{z}_1 = \boldsymbol{\omega}_1 - \boldsymbol{\omega}_d \\ \boldsymbol{z}_2 = \boldsymbol{\omega}_2 - \boldsymbol{\alpha}_1 \end{cases} \tag{5.2}$$

式中，α_1 为光滑虚拟控制输入；c_1 为正的常数：

$$\begin{cases} \boldsymbol{\alpha}_1 = -c_1 \boldsymbol{z}_1 + \boldsymbol{\tau}_1 \\ \boldsymbol{\tau}_1 = \dot{\boldsymbol{\omega}}_d \end{cases} \tag{5.3}$$

对于系统的光滑不确定部分假设其为有界的，但不确定边界未知，这样可以将不确定部分分成两部分：一部分是函数的标称部分，另外一部分是未知有界函数。先考虑系统没有不确定的情况，可以采用如下控制律：

$$\boldsymbol{u} = -1/b[J(\boldsymbol{\omega}) - \dot{\boldsymbol{\alpha}}_1 + \boldsymbol{v}] \tag{5.4}$$

式中，v 为待求控制律。

由式(5.2)的状态跟踪误差，对其求导可得到状态误差系统，并且已知误差变量 z_2 的动力学方程。则利用滑模控制的概念，通过取最后一个误差变量作为滑动变量，从中得到扩展的二阶滑模动力学。定义滑模变量为 $s_1 = z_2$，$s_2 = \dot{z}_2$，这样就得到了含有不确定项的闭环系统：

$$\dot{\boldsymbol{s}}_2 = \dot{J}(\boldsymbol{x}_2) + b(1-f)\dot{\boldsymbol{u}} - \ddot{\boldsymbol{\alpha}}_1 \tag{5.5}$$

代入集体不确定变量 $\gamma(\boldsymbol{\omega}_2, \boldsymbol{z}_2, \boldsymbol{u}, t) = \dot{J}(\boldsymbol{\omega}_2) + b(1-f)\boldsymbol{v} - \ddot{\boldsymbol{\alpha}}_1$ 到式(5.5)，并且令 $\dot{\boldsymbol{u}} = \boldsymbol{v}$，则系统(5.5)可以转化为有限时间收敛系统：

$$\begin{cases} \dot{\boldsymbol{s}}_1 = \boldsymbol{s}_2 \\ \dot{\boldsymbol{s}}_2 = \gamma(\boldsymbol{\omega}_2, \boldsymbol{z}_2, \boldsymbol{u}, t) + \boldsymbol{v} \end{cases} \tag{5.6}$$

1. 标称控制律设计

接下来对系统(5.6)在考虑系统不确定有界但未知的情况下，设计有

第 5 章 飞机舵面损伤自适应容错控制

限时间收敛的滑模控制器并确保所设计的控制器对系统(5.6)具有鲁棒性。

然而，在实际的控制系统设计中，有限时间收敛求解问题是极其复杂的，通常是通过研究齐次系统的向量场流的负齐次度，将这种系统有限时间镇定问题转化为系统渐进镇定问题。下面介绍在系统不确定边界存在但未知情况下设计一种基于有限时间收敛的鲁棒自适应滑模控制器的方法。

引理[2]　假设存在 k_1，k_2，$\cdots$，$k_n > 0$，使多项式 $s^n + k_n s^{n-1} + \cdots + k_2 s + k_1$ 构成的线性系统的状态矩阵是 Hurwitz 矩阵，考虑如下系统：

$$\begin{cases} \dot{x}_1 = x_2; \\ \vdots \\ \dot{x}_{n-1} = x_n; \\ \dot{x}_n = u \end{cases} \quad (5.7)$$

$\exists \zeta \in (0, 1)$，$\forall \sigma \in (1-\zeta, 1)$，对于上述系统，控制律设计如下：

$$u = -k_1 \mathrm{sgn}(x_1) |x_1|^{\sigma_1} - \cdots - k_n \mathrm{sgn}(x_n) |x_n|^{\sigma_n} \quad (5.8)$$

能使积分链系统在平衡点有限时间内收敛。式中，sgn(·)表示符号函数，$k_1 > 0$，$k_2 > 0$，$\sigma_1 \cdots \sigma_n$ 满足 $\sigma_{i-1} = \dfrac{\sigma_i \sigma_{i-1}}{2\sigma_{i+1} - \sigma_i}$，$i = 2$，$\cdots$，$n$，$\sigma_{n+1} = 1$ 和 $\sigma_n = \sigma$。

针对上述含有不确定的积分链系统不具有鲁棒性的问题，在此基础上设计鲁棒自适应滑模控制器以保证系统能够在有限时间内收敛。

然而，该引理不能保证在扰动或不确定性的情况下积分器动力学有限时间的稳定。因此，控制律 v 必须为稳定未受干扰的系统，并通过使用不连续控制律抑制干扰[3]。控制律 v 的设计包括两个步骤：第一步是设计一个标称控制律 v_nom 对于无扰动双积分动力学的有限时间稳定；第二步是设计积分滑动面和整体控制律满足可达性条件。

首先，将有限元的标称控制律设计为

$$v_\mathrm{nom} = -k_1 \mathrm{sgn}(s_1) |s_1|^{\sigma_1} - k_2 \mathrm{sgn}(s_2) |s_2|^{\sigma_2} \quad (5.9)$$

$t = t_0$ 时刻为初始时间，此时 $S(z) = 0$，因此系统从初始时刻时起，就在滑模面上了。

2. 积分滑模控制律设计

首先,设计了一个积分滑动面[4],使扰动系统的状态轨迹开始于 $t=0$ 时刻的滑动面,到达完全消除阶段。因此,从一开始就实现了匹配不确定性的不变性,并保证了整个状态空间的鲁棒性。

其次,定义如下积分滑模面:

$$S(z) = s_2(t) - s_2(0) - \int_{t_0}^{t} v_{\text{nom}}(z) d\lambda \tag{5.10}$$

最后,对积分滑模面 S 求导,并且根据文献[5]中所述的趋近律方法,控制律满足可达性条件为

$$v = \frac{1}{b}[\dot{J}(\boldsymbol{\omega}_2) - \ddot{\alpha}_1 - v_{\text{nom}} + \hat{G}\text{sgn}(S)] \tag{5.11}$$

目前,多数的滑模控制器设计对于系统状态到达滑模面的趋近运动没有做任何限制,为了改善趋近运动的动态品质[6],针对原系统,采取如下趋近控制律:

$$\boldsymbol{u}_{\text{sw}} = -(\boldsymbol{G}+\gamma)\text{sgn}(S) \tag{5.12}$$

式中,γ 为一个正常数,且开关增益 $\boldsymbol{G}$ 必须大于不确定边界的上限。因此,所设计的控制器增益可以采用自适应调节的方法进行估计,使在系统不确定边界未知时可以自动调节控制增益,可以采用增益参数估计值 $\hat{\boldsymbol{G}}$。

运用上述的控制方法,结合第 3 章得到的固定翼飞机的动力学模型,得到其对应的俯仰角、滚转角和偏航角控制律分别为

$$\boldsymbol{u}_\theta = \frac{1}{b_1}[-a_1 V - a_2\alpha - a_3\theta - a_4 q - \dot{\alpha}_1 + v_{\text{nom}} - (\hat{G}+\gamma)\text{sgn}(S)]$$

$$\boldsymbol{u}_\phi = \frac{1}{b_2}[-a_5\beta - a_6 p - a_7 r - \dot{\alpha}_1 + v_{\text{nom}} - (\hat{G}+\gamma)\text{sgn}(S)]$$

$$\boldsymbol{u}_\psi = \frac{1}{b_3}[-a_8\beta - a_9 p - a_{10} r - \dot{\alpha}_1 + v_{\text{nom}} - (\hat{G}+\gamma)\text{sgn}(S)]$$

$$\tag{5.13}$$

5.2.3　自适应积分滑模控制器稳定性证明

利用李雅普诺夫(Lyapunov)稳定性判据来验证控制律 $\boldsymbol{u}$ 的稳定性[7]。

对于状态误差系统中的 z_1 子系统，设 Lyapunov 方程为 $V_1 = \frac{1}{2}z_1^2$，其导数为

$$\begin{aligned}
\dot{V}_1 &= z_1(z_2 + \alpha_1 - \dot{\boldsymbol{\omega}}_d) \\
&= z_1(z_2 - c_1 z_1 + \dot{\boldsymbol{\omega}}_d - \boldsymbol{\omega}_d) \\
&= -c_1 z_1^2 + z_1 z_2 \\
&= -2c_1 V_1 + z_1 z_2
\end{aligned} \quad (5.14)$$

显然，当 $z_2 = 0$ 的时候，$\dot{V}_1 = -2c_1 V_1 \leqslant 0$，因此 z_2 能保证上式 Lyapunov 函数渐进收敛。

考虑上式中的积分滑模面 S，由于不确定性是由自适应律 $\dot{\hat{G}}$ 来估计的，因此定义 $\overline{G} = \hat{G} - G$，构建 Lyapunov 函数为 $V_S = \frac{1}{2}S^2 + \frac{1}{2}\zeta \overline{G}^2$，求得其导数为

$$\dot{V}_S = S\dot{S} + \zeta \overline{G}\dot{\hat{G}} = S[\dot{j}(\boldsymbol{\omega}_2) + b(1-f)\boldsymbol{u} - \ddot{\alpha}_1 - \boldsymbol{v}_{\text{nom}}] + \zeta \overline{G}\dot{\hat{G}} \quad (5.15)$$

代入 $\boldsymbol{u}$、$\boldsymbol{v}$ 和自适应律 $\dot{\hat{G}}$ 到式(5.15)，可得

$$\begin{aligned}
\dot{V}_S &= S\dot{S} + \zeta \overline{G}\dot{\hat{G}} = S\hat{G}\mathrm{sgn}(S) + \zeta(\hat{G}-G)K|S| \\
&\leqslant -(\hat{G}-G)|S| + \zeta(\hat{G}-G)K|S| \\
&\leqslant -\mu\sqrt{2\zeta}\left|\frac{\hat{G}-G}{\sqrt{2\zeta}}\right|
\end{aligned} \quad (5.16)$$

式中，$\mu = (|S| - \zeta K|S|)$，则

$$\dot{V}_S \leqslant -\mu\sqrt{\frac{2}{\zeta}}\left(\frac{S}{\sqrt{2}} + \overline{G}\sqrt{\frac{\zeta}{2}}\right) \quad (5.17)$$

$$\dot{V}_S \leqslant -\mu V_S^{\frac{1}{2}}$$

显然，积分滑模动力学是在任意初始条件有限时间稳定的。

同理可得，整体 Lyapunov 函数是渐进稳定的：

$$V = V_1 + \frac{1}{2}S^2 + \frac{1}{2}\zeta \overline{G}^2$$

$$\dot{V} \leqslant -2c_1 V - \mu V_S^{\frac{1}{2}} \tag{5.18}$$

5.3 基于滑模观测器的自适应容错控制

5.3.1 方法概述

基于正常状态下的固定翼飞机运动方程，得到线性化后的状态方程表达式如下：

$$\begin{cases} \dot{\boldsymbol{x}}_1 = F_1(\boldsymbol{x}_1) \\ \dot{\boldsymbol{x}}_2 = F_2(\boldsymbol{x}_2) + \boldsymbol{G}\,g \\ g = (1-f)\boldsymbol{u} + c \end{cases} \tag{5.19}$$

式中，$\boldsymbol{x}_1 = [\phi \quad \theta \quad \psi]^T$，$\boldsymbol{x}_2 = [p \quad q \quad r]^T$，$\boldsymbol{u} = [\delta_a \quad \delta_e \quad \delta_r]^T$，$F_i(\boldsymbol{x}_i)(i=1,2)$、$\boldsymbol{G}$ 为矩阵变量。设故障系数为 f，c 为控制律 $\boldsymbol{u}$ 幅值范围内的一个常值[8]。

其仿射方程矩阵为

$$F_1(\boldsymbol{x}_1) = \begin{bmatrix} f_\phi(\boldsymbol{x}_1) \\ f_\theta(\boldsymbol{x}_1) \\ f_\psi(\boldsymbol{x}_1) \end{bmatrix} = \begin{bmatrix} p + q\sin\phi\tan\theta + r\cos\phi\tan\theta \\ q\cos\phi - r\sin\phi \\ q\sin\phi\sec\theta + r\cos\phi\sec\theta \end{bmatrix} \tag{5.20}$$

$$F_2(\boldsymbol{x}_2) = \begin{bmatrix} f_p(\boldsymbol{x}_2) \\ f_q(\boldsymbol{x}_2) \\ f_r(\boldsymbol{x}_2) \end{bmatrix} = \begin{bmatrix} \dfrac{I_y - I_z}{I_x} rq + \dfrac{\rho V^2 S_w \boldsymbol{B}}{2I_x} [C_L^\beta \beta + \dfrac{\boldsymbol{B}}{2V}(C_L^p p + C_L^r r)] \\ \dfrac{I_z - I_x}{I_y} pr + \dfrac{\rho V^2 S_w \boldsymbol{B}}{2I_y} [C_{M0} + C_M^\alpha \alpha + \dfrac{\boldsymbol{B}}{2V}(C_M^q q + C_M^{\dot{\alpha}} \dot{\alpha})] \\ \dfrac{I_x - I_y}{I_z} pq + \dfrac{\rho V^2 S_w \boldsymbol{B}}{2I_z} [C_N^\beta \beta + \dfrac{\boldsymbol{B}}{2V}(C_N^p p + C_N^r r)] \end{bmatrix}$$

$$\tag{5.21}$$

控制分布矩阵为

$$G = \frac{\rho V^2 S_w B}{2(I_x I_z - I_{zx}^2)} \begin{bmatrix} I_z C_{l\delta a} + I_{zx} C_{n\delta a} & 0 & I_z C_{l\delta r} + I_{zx} C_{n\delta r} \\ 0 & \dfrac{C_{m\delta e}(I_x I_z - I_{zx})}{I_y B} & 0 \\ I_{zx} C_{l\delta a} + I_x C_{n\delta a} & 0 & I_{zx} C_{l\delta r} + I_x C_{n\delta r} \end{bmatrix}$$
(5.22)

图 5-2 所示为固定翼飞机自适应动态面滑模容错控制系统整体框图。该控制系统通过姿态角误差来构造滑模面 s_1，从而定义虚拟控制量 $\bar{x}_2$、$\bar{x}_2$ 经过低通滤波得到 α_1 来构造滑模面 s_2；由滑模控制理论的到达条件得到等效控制律 u_{eq}，结合分数阶切换控制律 u_{sw} 得到了基于动态面的滑模控制器；基于故障估计滑模观测器和自适应故障控制律可以估计到故障系数的大小，将观测器和控制器共同应用到固定翼飞机模型中，可以使飞机在正常和故障状态下都能跟踪上期望姿态轨迹，以及保持控制系统的稳定。

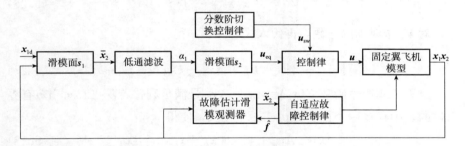

图 5-2　固定翼飞机自适应动态面滑模容错控制系统整体框图

5.3.2　滑模故障观测器设计

对发生执行器故障的飞机控制系统，设计如下的非线性故障滑模观测器[9]：

$$\dot{\hat{x}}_2 = A\hat{x}_2 + B(u - \hat{f}) - \Lambda(\hat{x}_2 - x_2) + k\,\mathrm{sgn}(\tilde{x}_2) \quad (5.23)$$

式中，$\hat{x}_2$ 是角速率向量 x_2 的估计值，$\hat{f}$ 是执行器故障参数 f 的估计值，$\Lambda = \mathrm{diag}\{\lambda_1, \lambda_2, \lambda_3\}$，$\lambda_i(\lambda_i > 0)$ 是故障估计滑模观测器事先定义好的特征值。$\dot{\tilde{x}}_2 = Ax_2 - A\hat{x}_2 + B\hat{f} - \Lambda\tilde{x}_2 - k\,\mathrm{sgn}(\tilde{x}_2)$。

定义 $\tilde{x}_2 = x_2 - \hat{x}_2$，则有 $\dot{\tilde{x}}_2 = \dot{x}_2 - \dot{\hat{x}}_2$，再定义 $\tilde{f} = f - \hat{f}$。将其整理后做差，得到故障估计滑模观测器的角速度残差检测方程为

$$\dot{\tilde{x}}_2 = Ax_2 - A\hat{x}_2 + B\tilde{f} - \Lambda\tilde{x}_2 - k\mathrm{sgn}(\tilde{x}_2) \tag{5.24}$$

由此，可选择的自适应故障估计律为

$$\dot{\hat{f}} = \frac{1}{a}B^T\tilde{x}_2 - \hat{f} \tag{5.25}$$

式中，$a > 0$ 是正标量。

5.3.3 滑模故障观测器稳定性证明

选择 Lyapunov 函数为

$$V_1 = \frac{1}{2}\tilde{x}_2^T\tilde{x}_2 + \frac{a}{2}\tilde{f}^T\tilde{f} \tag{5.26}$$

对 V_1 求时间的导数，再代入式(5.24)，得

$$\dot{V}_1 = \tilde{x}_2^T[Ax_2 - A\hat{x}_2 + B\tilde{f} - \Lambda\tilde{x}_2 - k\mathrm{sgn}(\tilde{x}_2)] + a\tilde{f}^T\dot{\tilde{f}} \tag{5.27}$$

这里的非线性函数 $F(x_2) = Ax_2 - A\hat{x}_2$ 是满足利普希茨(Lipschitz)有界条件的，则存在一个正的 Lipschitz 常数 ζ，使得

$$\|Ax_2 - A\hat{x}_2\| \leqslant \zeta\|x_2 - \hat{x}_2\| = \zeta\tilde{x}_2 \tag{5.28}$$

所以有

$$\begin{aligned}\dot{V}_1 &\leqslant \zeta\tilde{x}_2^T\tilde{x}_2 + \tilde{x}_2^T B\tilde{f} - \tilde{x}_2^T\Lambda\tilde{x}_2 - \rho_2\|\tilde{x}_2\| + a\tilde{f}^T\dot{\tilde{f}} \\ &\leqslant \tilde{x}_2^T\zeta\tilde{x}_2 + \tilde{x}_2^T B\tilde{f} - \tilde{x}_2^T\Lambda\tilde{x}_2 + a\tilde{f}^T\dot{\tilde{f}}\end{aligned} \tag{5.29}$$

从而消除了非线性项的影响。整合上式，可以得

$$a\tilde{f}^T\dot{\hat{f}} \leqslant \frac{a}{2}(\tilde{f}^T\hat{f} + \hat{f}^T\tilde{f}), a\tilde{f}^T f \leqslant \frac{a}{2}(\tilde{f}^T\hat{f} + \tilde{f}^T f) \tag{5.30}$$

又因为 $\tilde{f} = f - \hat{f}$，$\dot{V}_1 \leqslant -\tilde{x}_2^T(\Lambda - \zeta I_3)\tilde{x}_2 + a\tilde{f}^T f + a\tilde{f}^T\hat{f}$，可以得到

$$\dot{V}_1 \leqslant -\tilde{x}_2^T(\Lambda - \zeta I_3)\tilde{x}_2 + \frac{a}{2}(\|f_0\|^2 + \|f_1\|^2) \tag{5.31}$$

式中，I_3 是一个三阶单位阵。根据李雅普诺夫稳定定理，通过选取合适的

参数 ζ 和 a，自适应滑模观测器的状态误差是可以收敛为 0 的，即飞机的姿态控制系统是渐近一致稳定的。

式(5.24)的自适应滑模观测器和式(5.25)的故障估计律可以分别使得角速率估计误差和执行器故障估计误差收敛，飞机姿态控制系统的渐近一致稳定。其中，未知的非线性故障参数可以由式(5.24)的自适应故障估计律估计出来。

5.3.4 动态面滑模控制器设计

基于上文获得的在线故障估计信息，由反演控制技术结合滑模动态面设计容错控制器使系统在出现故障时可确保系统的稳定性[10]。在本节中，设计了一种基于动态面技术的滑模控制器，能在有限时间内实现快速跟踪期望姿态角，输出相应的控制指令，使飞机按照预设的飞行轨迹运动。动态面滑模控制器设计过程如下。

首先，假设理想的姿态角输出是连续且有界的。定义姿态角跟踪误差为

$$\begin{cases} z_1 = x_1 - x_{1d} \\ \dot{z}_1 = \dot{x}_1 - \dot{x}_{1d} \end{cases} \quad (5.32)$$

式中，x_{1d} 为姿态角的参考输入信号，考虑飞机姿态角控制系统的滑模面为 $s_1 = z_1$，并对滑模面求时间的导数，且令 $\dot{x}_1 = x_2$，得到

$$\dot{s}_1 = \dot{z}_1 = x_2 - \dot{x}_{1d} \quad (5.33)$$

在动态面控制设计当中，定义虚拟控制量为

$$\bar{x}_2 = -c_1 z_1 + \dot{x}_{1d} \quad (5.34)$$

式中，c_1 为待设计的参数，且 $c_1 > 0$。

于是，选择李雅普诺夫函数为 $V_1 = \dfrac{1}{2} z_1^2$，对其时间导数则要求满足

$$\dot{V}_1 = z_1 \dot{z}_1 = z_1(x_2 - \dot{x}_{1d}) < 0 \quad (5.35)$$

其次，定义角速度跟踪误差为 $z_2 = x_2 - \alpha_1$，将其代入式(5.35)，则有

$$\dot{V}_1 = z_1(z_2 + \alpha_1 - \dot{x}_{1d}) \quad (5.36)$$

由于在设计传统反步控制时，对虚拟控制信号反复求导，会导致出现"微分爆炸"的现象[11]，所以可采用动态面技术中的低通滤波器对虚拟控制信号 $\bar{x}_2$ 进行滤波处理，可以克服这一缺点，从而在一定程度上提升控制的准确性。

虚拟控制量 $\bar{x}_2$ 经过低通滤波器 $(\tau s+1)^{-1}$ 处理后得到 $\boldsymbol{\alpha}_1$。τ 为滤波器时间常数，且满足方程：

$$\begin{cases} \tau \dot{\boldsymbol{\alpha}}_1 + \boldsymbol{\alpha}_1 = \bar{\boldsymbol{x}}_2 \\ \boldsymbol{\alpha}_1(0) = \bar{\boldsymbol{x}}_2(0) \end{cases} \tag{5.37}$$

可以得到

$$\dot{\boldsymbol{\alpha}}_1 = \frac{\bar{\boldsymbol{x}}_2 - \boldsymbol{\alpha}_1}{\tau} \tag{5.38}$$

根据滑模变结构控制，定义滑模面为 $s_2 = z_2 = x_2 - \alpha_1$，对其求导得

$$\begin{aligned}\dot{s}_2 &= \dot{x}_2 - \dot{\alpha}_1 \\ &= Ax_2 + B(u-f) - \dot{\alpha}_1 \end{aligned} \tag{5.39}$$

根据滑模控制理论有 $s_2 = \dot{s}_2 = 0$，则到达滑模面的等效控制律为

$$\boldsymbol{u}_{\text{eq}} = \frac{1}{b}[-\boldsymbol{A}\boldsymbol{x}_2 + b\hat{f} + \dot{\boldsymbol{\alpha}}_1 - c_2 \boldsymbol{z}_2] \tag{5.40}$$

式中，c_2 为大于零的正常数。并且，结合分数阶切换控制律：

$$\boldsymbol{u}_{\text{sw}} = -\lambda |\boldsymbol{s}_2|^l \boldsymbol{D}^{\bar{\beta}} \text{sgn}(\boldsymbol{s}_2) \tag{5.41}$$

式中，$0<\lambda$，$0<l<1$，$0<\bar{\beta}<0$。

考虑含有执行器故障的固定翼飞机姿态控制系统，在假设条件下，设计出的容错控制律和虚拟控制律，结合前面提出的故障估计律，则最终固定翼飞机姿态轨迹跟踪误差是一致有界的，飞机的姿态角和角速率接近理想设定值，在有限时间内跟踪误差可以收敛至一个很小的邻域内。

最终，动态面滑模控制律设计为 $u = u_{\text{eq}} + u_{\text{sw}}$，即

$$\boldsymbol{u} = \frac{1}{b}[-\boldsymbol{A}\boldsymbol{x}_2 + b\hat{f} + \dot{\boldsymbol{\alpha}}_1 + \lambda |\boldsymbol{s}_2|^l \boldsymbol{D}^{\bar{\beta}} \text{sgn}(\boldsymbol{s}_2) - c_2 \boldsymbol{z}_2] \tag{5.42}$$

综上所述，考虑到位置跟踪、虚拟控制和滤波误差，由此可以定义滤波器所产生的滤波误差为

$$\boldsymbol{y}_2 = \boldsymbol{\alpha}_1 - \bar{\boldsymbol{x}}_2 \tag{5.43}$$

5.3.5 动态面滑模控制器稳定性证明

相应地，构造另一个李雅普诺夫函数为

$$V_2 = \frac{1}{2}z_1^2 + \frac{1}{2}z_2^2 + \frac{1}{2}y_2^2 \tag{5.44}$$

式中，

$$\begin{cases} \dot{z}_2 = \dot{x}_2 - \dot{\alpha}_1 = f(V,\alpha,q) + b\,u_{\delta e} - \dot{\alpha}_1 \\ \dot{y}_2 = \dfrac{\overline{x}_2 - \alpha_1}{\tau} - \overline{x}_2 = \dfrac{-y_2}{\tau} + c_1\dot{z}_1 - \ddot{x}_{1d} \end{cases} \tag{5.45}$$

将式(5.45)代入式(5.44)，并且对其求取时间的导数，得

$$\dot{V}_2 = z_1\dot{z}_1 + z_2\dot{z}_2 + y_2\dot{y}_2 \tag{5.46}$$

将动态面滑模控制律式(5.42)代入到式(5.46)可知：当选取合适的参数 λ、l、$\overline{\beta}$、c_1、c_2、τ 时，$\dot{V}_2$ 是可以小于 0 的，即当执行器发生故障时，固定翼飞机的姿态角控制系统仍是稳定的。

5.4 固定翼飞机舵面损伤 Simulink 仿真

飞机的自适应滑模控制系统仿真模型整体框图主要分为两部分：通用研究 CRM 飞机数学模型和自适应积分滑模控制器，如图 5-3 所示。其中虚线框内为第 3 章中搭建所得到的 CRM 气动力模型部分。其首先根据风洞试验得到的飞行仿真数据、执行器指令输入和飞行参数进行气动导数计算，得到气动力系数和气动力矩系数；然后计算出飞机所受的气动力和气动力矩；再将重力和推力叠加到气动力中得到飞机所受合力，将合力和气动力矩输入六自由度运动方程，设置仿真初始参数，得到姿态角及其角加速度、机体坐标系轴位移、空速、迎角和侧滑角等输出。

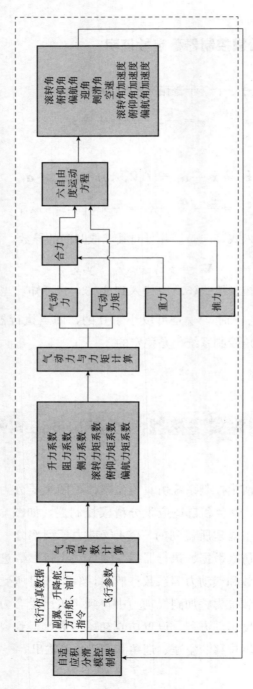

图 5-3 CRM 飞机的自适应滑模控制系统仿真模型整体框图

第 5 章 飞机舵面损伤自适应容错控制

在进行飞行控制之前，根据飞机的动态特性，横滚角和偏航角是有着不可分割的耦合性，如果两者相应的指令不匹配，会导致较大的侧滑角，对飞机的稳定飞行有很大影响，为了克服这种现象，引入协调转向方程如下：

$$\phi_d = \arctan\left(\frac{\dot{\psi}_d V}{g}\right) \tag{5.47}$$

本节仿真所采用的 CRM 飞机结构参数见表 5-1。

表 5-1　CRM 飞机结构参数表

模型比例	1∶40.9	参考面积	0.229 2 m²
参考展长	1.436 m	平均气动弦长	0.171 21 m
力矩参考中心	0.765 60 m	副翼偏转范围	±30°
力矩参考中心	0.046 90 m	方向舵偏转范围	±40°
力矩参考中心	0	升降舵偏转范围	−35°～+30°
平尾偏转范围	−18°～+7°	—	—

设置好初始参数后，再运行 Simulink 仿真。图 5-4 所示为升降舵不同程度损伤情况下的俯仰角响应曲线。在期望飞行高度固定的情况下，ABSMC 控制的曲线和正常飞行时的曲线接近(legend 标注含义：Normal 代表飞机无故障时的正常输出响应曲线；ABSMC-n(n=1，2，3)表示飞机在升降舵损伤 40%、60%、80%时，自适应反步滑模控制作用下的响应曲线；Des 代表期望响应曲线)，并且能稳定跟踪上期望俯仰角曲线。由图 5-4 可以得到，自适应反步滑模控制器在损伤达到 80%时，仍然能够稳定固定翼飞机这个非线性系统，在执行故障时具有较好的鲁棒性，在如此大的损伤情况下可以在 10×10^{-1} 量级的误差范围内实现控制，并且在后续跟踪时收敛到 0，达到稳定状态。

图 5-5 给出了不同损伤情况下对应的升降舵偏转角响应曲线。在定高飞行时，由于故障发生前的高度固定，升降舵偏也会保持不变，因此当故障发生时由于惯性的缘故，当升降舵故障程度越大时，ABSMC 察觉并调整升降舵偏的速度会稍微慢一点。

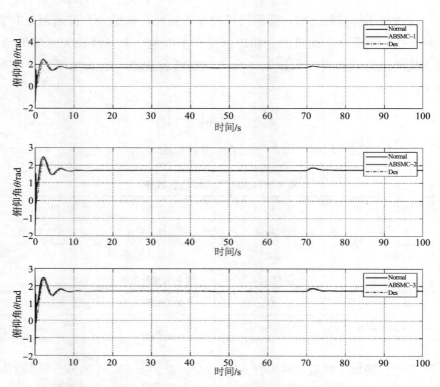

图 5-4 升降舵损伤 40%、60% 和 80% 情况下的俯仰角响应曲线

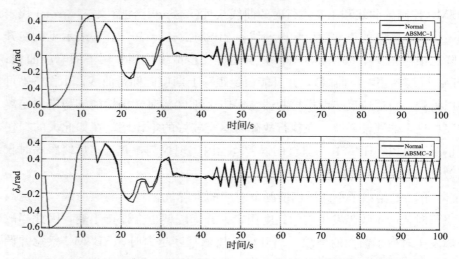

图 5-5 升降舵损伤 40%、60% 和 80% 情况下的升降舵偏转角响应曲线

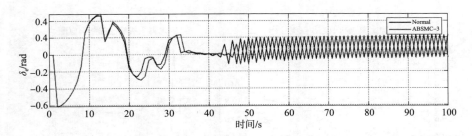

图 5-5　升降舵损伤 40%、60% 和 80% 情况下的升降舵偏转角响应曲线图（续）

图 5-6 给出了升降舵不同损伤程度下的增益补偿参数 G 的响应曲线，可以看到相比于正常情况，故障情况下的补偿参数会更大，且故障程度越大，则相应的补偿越大，即增益参数 G 越大。这证明了自适应控制方法的有效性，即故障参数的实际值可以未知，而估计出响应的补偿项。

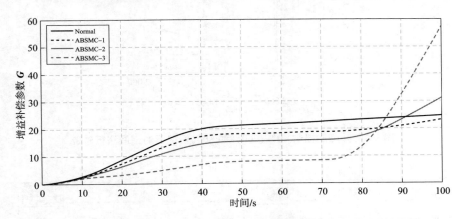

图 5-6　升降舵损伤 40%、60% 和 80% 的情况增益补偿参数 G 的响应曲线

图 5-7 给出了不同损伤情况下的空间飞行轨迹。ABSMC 控制下的曲线与正常飞行时曲线接近。在定高飞行的情况下，进行转弯时高度会有点小波动。这是因为在进行协调转弯时，由于存在滚转角，所以在垂直方向上的升力分量会有轻微的降低，即损失飞行高度，设计的自适应控制器在这时能够快速地补偿损失的高度。由图 5-8 的响应曲线可以看到，ABSMC 控制下的高度曲线与正常飞行时的曲线重合起来，误差小于 0.1，能实现平稳的定高飞行。

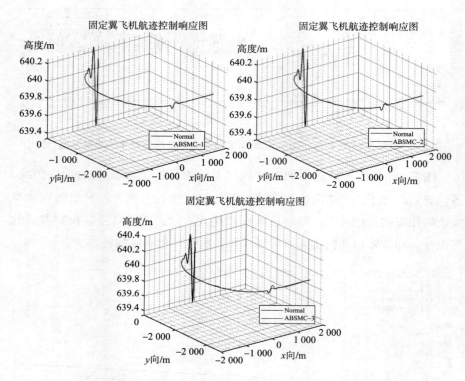

图 5-7 升降舵损伤 40%、60% 和 80% 情况下的空间飞行轨迹

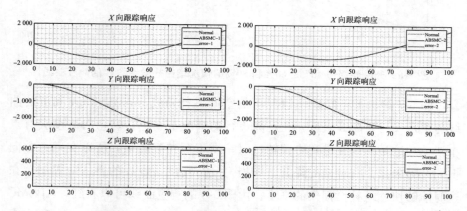

图 5-8 升降舵损伤 40%、60% 和 80% 情况下的三维航迹跟踪响应曲线

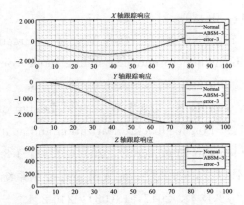

图 5-8　升降舵损伤 40%、60% 和 80% 情况下的三维航迹跟踪响应曲线(续)

参 考 文 献

[1] 贾忠湖，王刚，柳文林. 基于 CFD 的机翼损伤飞机再平衡问题研究[J]. 飞行力学，2018，36(03)：19-22.

[2] BHAT S P, BERNSTEIN D S. Geometric homogeneity with applications to finite time stability [J]. Math Control, Signals Systems, 2005, 17 (2)：101-127.

[3] PERRUQUETTI K W. A novel higher order sliding mode control scheme [J]. Systems & Control Letters, 2009.

[4] YIN C, STARK B, CHEN Y Q, et al. Fractional-order adaptive minimum energy cognitive lighting control strategy for the hybrid lighting system [J]. Energy & Buildings, 2015, 87(Jan.)：176-184.

[5] UTKIN V, SHI J. Integral sliding mode in systems operating under uncertainty \ nconditions [C]//Proceedings of the 35th IEEE. IEEE, 1996：4591-4596.

[6] YIN C, CHEN Y Q, ZHONG S M. Fractional-order sliding mode based extremum seeking control of a class of nonlinear systems [J].

Automatica,2014,50(12):3173-3181.

[7] YIN C, HUANG X, CHEN Y, et al. Fractional-order exponential switching technique to enhance sliding mode control[J]. Applied Mathematical Modelling,2017,44(Apr.):705-726.

[8] ZHOU W, YIN K, RUI W, et al. Design of attitude control System for UAV based on feedback linearization and adaptive control[J]. Mathematical Problems in Engineering,2014(pt.5):1-8.

[9] 翟丽相,钱默抒,刘剑慰. 无人机姿态控制系统滑模动态面容错控制方法[J]. 系统仿真技术,2017,13(03):246-251.

[10] CHAKRAVARTY A, MAHANTA C. Actuator fault tolerant control scheme for nonlinear uncertain systems using backstepping based sliding mode[C]//2013 Annual IEEE India Conference(INDICON). IEEE,2013.

[11] YIN C, STARK B, CHEN Y Q, et al. Fractional-order adaptive minimum energy cognitive lighting control strategy for the hybrid lighting system[J]. Energy & Buildings,2015,87(Jan.):176-184.

第 6 章

飞机舵面卡死容错控制

6.1 引言

舵面卡死是一种非常严重的执行器故障,其对于飞机的飞行安全有着十分重要的影响。发生舵面卡死故障之后,执行机构并不能进行调控,此时有效舵面减少,很容易出现坠机的情况。因此,不仅要保证飞机在正常控制律作用下能够稳定运行,也要保证飞机在发生舵面卡死之后仍然可控。若发生该故障后不能够及时修复,极有可能发生严重的飞行事故[1]。本章假设横侧向飞行运动发生了该种故障,从而进行仿真验证并分析方向舵和副翼其中一者损坏、另一者完好的情况下飞机的控制问题。

本章在舵面卡死情况下进行飞行控制律的重构,分别采取伪逆法[2~5]

以及模型跟踪法[6~10]使飞行系统能够在一定的舵面卡死范围内保持稳定。伪逆法的基本思想就是在正常控制律输出和执行机构之间增加了一个控制混合器,通过调整控制混合器中各元素的值,可以达到改变舵面指令增益和切换操纵面的效果,使飞机能够在故障发生后继续稳定飞行;模型跟踪法能够使可重构控制系统根据预先设定的故障模式自动地调节故障后的系统,使实际系统的输出曲线跟踪参考模型的曲线以达到理想的系统特性,并且通过 Simulink 仿真验证了在方向舵卡死的情况下,本章采取的容错控制方法是有效的。

6.2 舵面故障问题的模型建立

设故障系数为 f,飞机舵面故障可以分为以下两类。

(1) 完全失效,不响应控制指令,这种类型的故障有舵面卡死和舵面漂浮两种。舵面卡死存在两种情况:一种是舵面固定在故障发生时的位置;另一种是舵面在故障后以一定的角速率移动到最大舵偏处。舵面漂浮是指舵面不响应控制指令。

(2) 部分失效,能响应控制指令,但是不能达到预期效果,这种类型的故障是舵面损伤。舵面损伤时舵面控制效能损失,表现为舵面控制通道的增益损失,这种故障往往不易发现。

飞机舵面卡死故障的数学表达较为简单,即将对应的舵面控制量设为常数,但是对应的实际控制情况就很复杂。

$$\begin{cases} \dot{x}_1 = x_2 \\ \dot{x}_2 = \hat{A}(x_2) + B(1-f)u \\ \hat{A}(x_2) = A(x_2) + \Delta \end{cases} \quad (6.1)$$

式中,$x_1 = [\phi \quad \theta \quad \psi]$;$x_2 = [p \quad q \quad r]$;$u = [\delta_a \quad \delta_e \quad \delta_r]$;$A$ 是系统状态矩阵;B 是控制输入矩阵。

6.3 基于伪逆方法的容错控制器设计

6.3.1 伪逆法重构控制

伪逆法是控制分配法的一种具体实现方式，也是一种简洁而有效的飞控系统控制律重构方法，更是一种基于矩阵广义逆的控制效果重新分配方法。国外已经将其成功地应用在带推力矢量的 F-16 飞机上；国内也将其应用在某型固定翼飞机的仿真验证中。该方法的主要优点是可以直接利用飞机的现有控制律，方便技术上的继承以及设计验证；设计思路简单明了，易于理解。

伪逆法的基本思想就是在正常控制律输出和执行机构之间增加一个控制混合器。在正常情况下，控制混合器矩阵是单位矩阵，将系统的输入不加修改地输入执行器。操纵面发生故障后，通过调整控制混合器中各元素的值，可以达到改变舵面指令增益和切换操纵面的效果，将失效操纵面的力和力矩重新分配到剩余的正常操纵面上，使飞机能够继续稳定飞行[11]（图 6-1）。

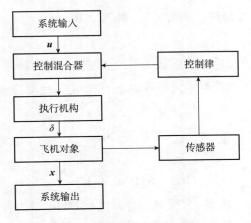

图 6-1 伪逆法控制结构框图

在系统重构原理图(图 6-1)中,在正常控制律的输出端串联了一个控制混合器,其作用就是在故障条件下实现控制效果的再分配。在最小二乘意义上使得包括执行机构在内的飞机对象在发生故障前后保持接近的输入输出特性。从而保证整个控制系统的动态特性。这种方法具有设计简单,适于实时应用的特点。

控制系统重构的概念是在故障已被检出的前提下提出适应和故障修复的。基于伪逆法设计的控制器,通过求解伪逆矩阵,获得重构的控制增益矩阵,使得系统恢复到故障前的姿态。通过在一系列已知标称状态下进行离线设计,得到一组不同舵面不同卡死角度下的控制混合器。在应用中,当检测到某个舵面卡死在一定角度后,系统将调用系统中提前设计好的对应控制器完成飞机的控制律重构,根据不同的故障切换至不同的工作模式。

参考针对某型固定翼飞机的伪逆法控制器设计,其模型结构为普通布局的飞机模型,依次进行建模、线性化、伪逆矩阵计算以及舵面卡死的仿真设计。

首先,针对模型的线性化过程,假设未受损的小扰动线性化模型描述如下:

$$\dot{x} = Ax + B_0 u_0 \tag{6.2}$$

故障时的飞机模型描述为

$$\dot{x} = Ax + B_g u_g \tag{6.3}$$

式中,x 为 $n \times 1$ 维矩阵;A 为 $n \times n$ 矩阵;B_0 为 $n \times m$ 矩阵;u_0 为 $m \times 1$ 维矩阵。

目标:根据已知的未受损状态下的控制输入与控制输入矩阵 u_0,B_0 以及对应故障情况下的控制输入矩阵 B_g,求取 u_g,使故障前后的输入基本保持不变。即

$$B_0 u_0 = B_g u_g \tag{6.4}$$

求解得

$$u_g = B_g^+ B_0 u_0 = K_g u_0 \tag{6.5}$$

式中,$u \in R^n$;$K_g = B_g^+ B_0$ 为控制混合器的增益阵;B_g^+ 为 B_g 的伪逆阵(广义逆)。但并非所有具有冗余的系统都能够使用伪逆法进行重构,其伪逆

控制律的存在需要满足一定的条件，因为 u_0 可以在一定范围内取任意值，式(6.5)精确相等的条件是 B_g 的秩大于或等于 B_0 的秩。

6.3.2 操纵面卡死时混合控制器设计

操纵面卡死是指操纵面卡死在某一位置，不能产生预期的操纵效果，还会产生相应的干扰力和力矩。在舵面冗余足够的情况下，若想使飞机在发生卡死故障前后的飞行情况近似不变，则必须抵消卡死舵面所带来的影响。重构的控制器一般要能够适应舵面卡死在任何位置的情况。

若飞机正常状态的方程为

$$\dot{x} = Ax + Bu \tag{6.6}$$

操纵面卡死的飞机方程为

$$\dot{x} = Ax + B_{gj}u_g + b_{gj}\delta_g \tag{6.7}$$

式中，B_{gj} 为 B 矩阵中去掉对应故障第 j 列后所得到的矩阵，b_{gj} 为 B 矩阵中对应故障输入的那一列，δ_g 为故障操纵面的卡死位置。

重构使

$$B_{gj}u_g + b_{gj}\delta_g = Bu \tag{6.8}$$

求解得

$$u_g = B_{gj}^+ Bu - B_{gj}^+ b_{gj}\delta_g \tag{6.9}$$

前一项 $K_g = B_{gj}^+ Bu$ 将原有操作面指令在剩余操纵面上进行重新分配，第二项 $w = B_{gj}^+ b_{gj}\delta_g$ 用于抵消卡死舵面的影响。

根据以上分析分别对 CRM 飞机模型进行副翼卡死和方向舵卡死情况下的控制器的设计以及仿真验证。

理论上选取输入量(操纵面)的个数为六个，分别为左升降舵、右升降舵、左副翼、右副翼、左方向舵、右方向舵。在所控制的模型中对固定翼飞机的划分只有升降舵、副翼、方向舵，三个输入舵量，没有进行左右舵的细分，将升降舵、副翼、方向舵根据模型实际控制情况进行细分。因此，对于控制混合矩阵，将相同操纵面的左右舵面数值设置为相同的，来达到模拟的目的。

升降舵可分为左升降舵和右升降舵，副翼可分为左副翼和右副翼。由于本节采用的飞机模型只有一个垂尾，故不对方向舵进行细分。因此，实际选择操纵面为 $\boldsymbol{\delta}=[\delta_{el} \quad \delta_{er} \quad \delta_{al} \quad \delta_{ar} \quad \delta_{r}]$。

状态变量的选取分别为 $\boldsymbol{x}=[v \quad \alpha \quad q \quad \beta \quad p \quad r]$，分别为空速、迎角、俯仰角角速度、侧滑角、滚转角角速度、偏航角角速度。

由之前对故障模式下的控制输入的推导，可知：

$$\boldsymbol{u}_g = \boldsymbol{B}_{gj}^+ \boldsymbol{B}\boldsymbol{u} - \boldsymbol{B}_{gj}^+ \boldsymbol{b}_{gj} \boldsymbol{\delta}_g \tag{6.10}$$

式中，第一项将原操纵面的指令分配到剩余有效的操纵面上；第二项用来抵消卡死舵面产生的影响。故此方法的重点在于求解出 $\boldsymbol{B}_{gj}^+$，为故障后的重新构造输入增益矩阵。

6.4　基于模型跟随法的容错控制器设计

6.4.1　模型跟随法重构控制

模型跟随法是飞行控制系统自修复的一种重要方法。这是一种使系统的输出逼近给定模式的自修复控制方案，其方法是强迫跟踪误差（系统的输出与参考模型的输出之差）趋近于 0，以达到自修复控制的目的。模型跟踪法能够使自修复控制系统根据预先设置的故障模式自动调节故障后的系统。由于其计算和执行的简便性，现被广泛地应用于实际工程。其设计目标在于使实际系统的输出曲线跟踪参考模型的曲线以达到理想的系统特性。模型跟随法中的关键问题为系统是否能够精确地跟踪参考模型。

模型跟随法实质上是广义的"模型匹配"法。若系统系数矩阵的特征值满足系统品质要求，则可把这一系数矩阵视为"模型矩阵"。通过线性控制律使所设计系统的输出与模型系统的输出相匹配。换句话说，模型

$$\dot{\boldsymbol{y}}_m = \boldsymbol{L}\boldsymbol{y}_m \tag{6.11}$$

在控制律

$$u = Kx \qquad (6.12)$$

的作用下的响应满足预期的系统特性。

对飞行控制系统来说,若某飞机的所有动态特性满足飞行品质规范的要求,则其系数矩阵可作为模型矩阵,设计线性控制律使其所控制飞机的输出变量与模型飞机的输出相匹配。

模型跟随法控制律的具体设计过程如下:

设线性多变量系统状态方程为

$$\begin{cases} \dot{x} = Ax + Bu \\ y = Cx \end{cases} \qquad (6.13)$$

所以

$$\dot{y} = C\dot{x} = CAx + CBu \qquad (6.14)$$

若系统与参考模型匹配

$$\begin{cases} y = y_m \\ \dot{y} = Ly_m = LCx = CAx + CBu \\ CBu = (LC - CA)x \end{cases} \qquad (6.15)$$

即

$$u = [CB]^+ (LC - CA)x = Kx \qquad (6.16)$$

上式为所求控制律,其中$[CB]^+$表示$[CB]$的广义逆。反馈增益矩阵K为

$$K = [CB]^+ (LC - CA) \qquad (6.17)$$

若模型匹配则可得

$$([CB][CB]^+ - I)(LC - CA)x = 0 \qquad (6.18)$$

若系统不匹配,反馈增益阵K中广义性质闭环响应和模型系统响应间的最小均方差也能保证在允许范围之内。

确定反馈增益阵K的关键是求出矩阵的广义逆$[CB]^+$。

6.4.2　模型跟随法控制器设计

采用可重构控制模型跟随法,多输入、多输出飞机闭环控制系统可以

表示为

$$\begin{cases} \dot{x} = Ax + Bu \\ y = Cx \end{cases} \quad (6.19)$$

当发生故障以后,故障后的系统可以表示为

$$\begin{cases} \dot{x}_p = A_p x_p + B_p u_p \\ y_p = C_p x_p \end{cases} \quad (6.20)$$

参考模型表示为

$$\begin{cases} \dot{x}_m = A_m x_m + B_m u_m \\ y_m = C_m x_m \end{cases} \quad (6.21)$$

不考虑故障检测和诊断模块,闭环控制系统的输入可以写为

$$u_p = K_u u_m + K_m x_m + K_e e - K_p x_p \quad (6.22)$$

式中,K_u、K_m、K_e、K_p 是控制增益矩阵,跟踪误差被定义为参考模型与损坏后输出之间的差值。即 $e = y_m - y_p$

$$\begin{aligned}\dot{e} &= \dot{y}_m - \dot{y}_p \\ &= (-C_p B_p K_e) e + (C_m A_m - C_p B_p K_m) x_m + \\ & \quad (C_m B_m - C_p B_p K_u) u_m + (C_p B_p K_p - C_p A_p) x_p \end{aligned} \quad (6.23)$$

令后 3 项的系数为 0,同时选择适当的矩阵 K_e。使得 $(-C_p B_p K_e)$ 为稳定矩阵,则 $\lim_{k\to\infty} e = 0$,即闭环系统误差是稳定的。

如果 $C_p B_p$ 是行满秩,则 $[C_p B_p]^+$ 存在,由上面式(6.21)~式(6.23)可以解得

$$\begin{cases} K_m = (C_p B_p)^+ (C_m A_m) \\ K_u = (C_p B_p)^+ (C_m B_m) \\ K_p = (C_p B_p)^+ (C_p A_p) \end{cases} \quad (6.24)$$

对于舵面故障,引入控制效率因子,故障后的控制输入矩阵 B_p 与参考模型的控制输入有如下的关系:

$$\begin{cases} B_p = B_m (I - \Gamma) \\ \Gamma = \mathrm{diag}(r_1, r_2, \cdots, r_m) \end{cases} \quad (6.25)$$

式中,Γ、r_i 是控制效率因子,$r_i = 1$ 和 $r_i = 0$ 分别表示第 i 个舵面完全损

失或正常。

当得到必要的参数值后,控制律重构算法也可以表示为如下形式:

$$\begin{cases} \boldsymbol{K}_m = [\boldsymbol{C}_p \boldsymbol{B}_m (\boldsymbol{I} - \boldsymbol{\Gamma})]^+ (\boldsymbol{C}_m \boldsymbol{A}_m) \\ \boldsymbol{K}_u = [\boldsymbol{C}_p \boldsymbol{B}_p (\boldsymbol{I} - \boldsymbol{\Gamma})]^+ (\boldsymbol{C}_m \boldsymbol{B}_m) \\ \boldsymbol{K}_p = [\boldsymbol{C}_p \boldsymbol{B}_p (\boldsymbol{I} - \boldsymbol{\Gamma})]^+ (\boldsymbol{C}_p \boldsymbol{A}_p) \end{cases} \quad (6.26)$$

6.5 固定翼飞机方向舵卡死 Simulink 仿真

首先是初始参数设置,CRM 飞机的气动参数和几何尺寸参数见表 6-1,并用 Runge-Kutta 解算器在 Matlab/Simulink 环境下完成了仿真试验,总模拟时间为 50 s。

表 6-1 CRM 飞机仿真参数

模型比例	1:40.9	参考面积	0.229 2 m²
参考展长	1.436 m	平均气动弦长	0.171 21 m
力矩参考中心(X 向)	0.765 60 m	副翼偏转范围	±30°
力矩参考中心(Z 向)	0.046 90 m	方向舵偏转范围	±40°
力矩参考中心(Y 向)	0	升降舵偏转范围	−35°~+30°
平尾偏转范围	−18°~+7°	—	—

首先,考虑初始的正常飞行状态为定直平飞,其中飞机最初的上升速度为 1 m/s。从 640 m 高度以 3 m/s 的速度获得控制纵向运动所需的俯仰角;对于横向运动,预设了所需的偏航角。然后,执行器在特定时刻发生故障。在进行飞行控制之前,根据飞机的动态特性,横滚角和偏航角有着不可分割的耦合性,如果它们相应的指令不合适,则会产生较大的侧滑角,这对飞机的稳定飞行有很大影响。为了克服这种现象的需要,引入协调转向方程如下。

$$\phi_d = \arctan\left(\frac{\dot{\psi}_d V}{g}\right) \tag{6.27}$$

对于仿真试验，选择将不同的舵面故障分开来研究，即研究单舵面故障问题，这里两种舵面卡死分别为副翼卡死、方向舵卡死。试验设置的初始飞行参数都是在之前的风洞试验中已经验证配平的。

从上面两节的分析得知方向舵卡死主要影响滚转力矩与偏航力矩，而根据螺旋运动的物理成因，在扰动后期当航向稳定力矩系数大于横向稳定力矩系数时，飞机无论是先发生滚转还是先发生侧滑都可能导致螺旋运动。

首先，给出的就是图 6-2（彩图 6-2）所示无人机方向舵卡死情况下的空间飞行轨迹，以及沿着地面坐标系下的各轴分量。飞行仿真的初始状态和副翼卡死时相同，并且此时设置的方向舵卡死角度是 $-15°$。这会使控制舵的下缘向右偏转，产生正的偏航力矩，驱动无人机向左转弯。

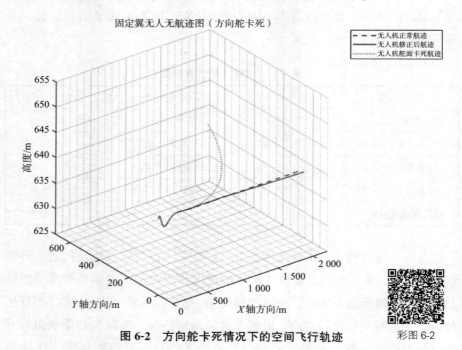

图 6-2 方向舵卡死情况下的空间飞行轨迹　　彩图 6-2

从图 6-3（彩图 6-3）可以看出，方向舵卡死并且没有加以控制时，无人机会发生严重的偏航，在修正以后，无人机就可以沿着正常状态的预设飞行轨迹飞行，虽然也有部分偏差，但是误差较小。在无人机的纵向运动上，修正后的无人机飞行轨迹表现较差。

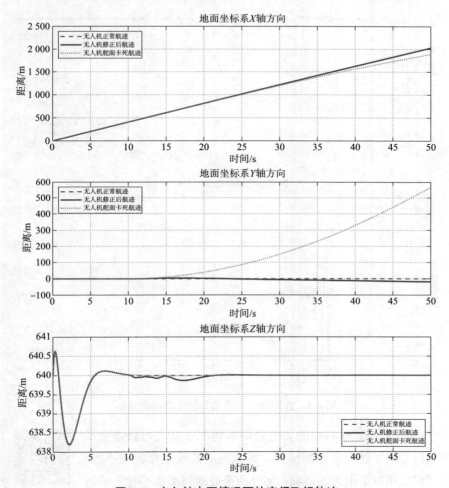

图 6-3　方向舵卡死情况下的空间飞行轨迹

如图 6-4(彩图 6-4)所示，由于方向舵卡死对于飞行控制系统是一个控制输出固定的情况，虽然方向舵通道不可调节，但是还有其他三个控制输出通道可控。所以总的来说，飞机飞行的连续性下降，可行性降低，但对稳定性影响不大；影响较大的是飞机的飞行轨迹。

彩图 6-3

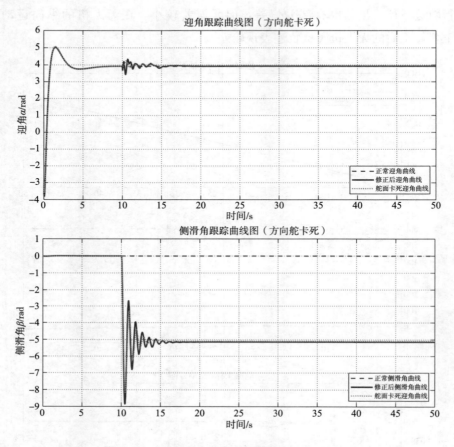

图 6-4　方向舵卡死迎角与侧滑角响应曲线

图 6-5(彩图 6-5)中的姿态角响应情况正如飞行轨迹显示的那样，对于舵面卡死的情况，黄色响应曲线还算比较平稳，除了偏航角发生很大的错误，另外两个舵面情况很平稳。采用伪逆法进行重构控制以后，各个姿态角和正常状态相比都有较明显的差异，这是为了补偿偏航力矩使整个飞行控制系统做出的综合响应。

彩图 6-4

如图 6-6(彩图 6-6)所示，从舵面控制指令的角度来看，飞机经过重构控制以后，在一定时间内会发生振荡，最后收敛至稳定状态，相较于副翼卡死的状态，算是比较容易控制的故障情况。

第6章 飞机舵面卡死容错控制

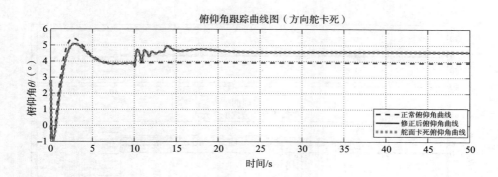

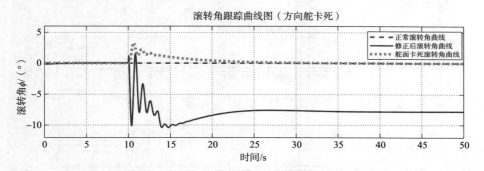

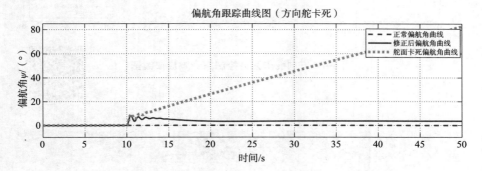

图 6-5 方向舵卡死姿态角响应跟踪曲线(俯仰—滚转—偏航)

彩图 6-5

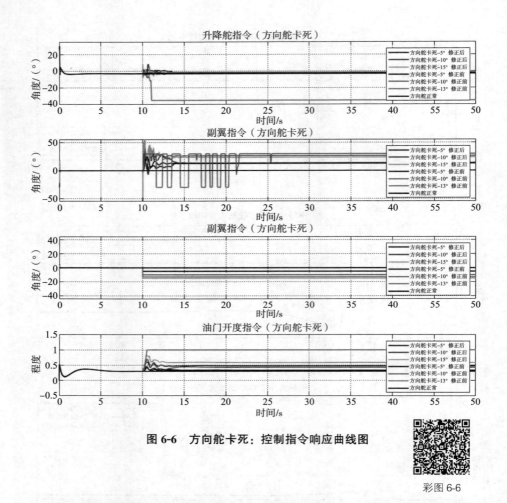

图 6-6 方向舵卡死：控制指令响应曲线图

彩图 6-6

参 考 文 献

[1] CALISE A J, LEE S, SHARMA M. Development of a reconfigurable flight control law for tailless aircraft[J]. Journal of Guidance Control & Dynamics, 2001, 24(5): 896-902.

[2] 张平, 陈宗基. 基于伪逆法的自修复飞控系统的控制律重构[C]// 1995 年中国控制会议论文集(下). 中国科学技术出版社, 1995: 885-893.

[3] 邵华章，杨振宇，陈宗基．伪逆法在飞行控制律重构中的应用[J]．控制与决策，1999，14(03)：281-284，288．

[4] 黄思亮，呼卫军，周军．一种可重复使用运载器的伪逆法自修复控制[J]．计算机仿真，2014，31(8)：105-109，158．

[5] 占正勇，刘林．多操纵面先进布局飞机控制分配技术研究[J]．飞行力学，2006，24(1)：13-16，21．

[6] 柴树梁，刘世前，范跃杰，等．基于模型跟随直接自适应控制的大型民机故障控制重构设计[J]．信息与控制，2013，42(05)：639-644．

[7] 柴树梁．大型民用飞机控制分配与自适应重构算法研究[D]．上海：上海交通大学，2013．

[8] 李丹，章卫国，刘小雄，等．基于模型跟随的神经网络PID飞行控制律设计[J]．计算机测量与控制，2009，17(09)：1726-1727，1731．

[9] 郭道通，封志方，邹杨，等．某型无人机方向舵卡死自修复仿真和分析[J]．现代电子技术，2013，36(08)：39-41，44．

[10] 王磊，王立新，贾重任．多操纵面飞翼布局作战飞机的控制分配方法[J]．航空学报，2011，32(4)：571-579．

[11] 王群伟．无人机飞控系统控制律重构技术研究[D]．西安：西北工业大学，2007．

第 7 章
飞机单发失效容错控制

7.1 引言

发动机是飞机飞行的动力来源，其故障对飞机的影响较大。造成飞机发动机故障的原因有很多。一般情况下，所发生的故障大多为飞机某侧单个发动机故障。单侧发动机故障将造成机翼两侧推力出现不对称，使飞机姿态异常，偏离预定航线，威胁飞行安全，严重时会导致飞机失控造成灾难性的后果[1]。对于飞机在起飞、爬升、巡航飞行性能和飞机气动力在受到单发失效之后所产生的影响等方面需要综合性分析[2]。因此，研究飞机在发生单发停车故障后的飞行控制技术，对提高所设计的飞机安全性具有重要意义[3]。

本章提出了三种固定翼飞机单发失效故障的重构控制策略，都能在一定程度上解决 CRM 飞机模型的发动机失效带来的推力不对称问题。首先，对一侧发动机失效的飞机运动状态进行受力分析，在此基础上对飞机模型进行修正，并且从理论上解决了故障时产生的不对称推力平衡问题。其次，提出了平衡偏航力矩的三种控制策略，依此设计了相对应的重构控制律。最后，运行了仿真程序验证了方法的可行性和稳定性，具有应对故障情况的容错能力。

本章所提出的三种控制策略中，方法一的设计思路最简单，控制律的结构变化不大，能够提供稳定的控制性能；方法二的控制精度最高，响应速度也最快，并且对发动机的模型依赖性不高；方法三主要应用于复杂的故障情况，控制难度较高。在无故障发生时，所提出的控制器也能提供稳定的跟踪性能。因此，如果当飞机进行基准运动时使用相同的控制器作为自动驾驶，即使两台发动机中的一台出现故障，它也可以继续工作，而无须切换控制器。

7.2 单发失效问题描述

7.2.1 系统描述

根据第 4 章中线性化的非线性六自由度模型，飞机动力学模型可以由如下的状态方程表示：

$$\dot{x}(t) = f(x,t) + u(x,t) \tag{7.1}$$

式中，状态向量为 $x(t) = [\alpha \quad V \quad q \quad \theta \quad \beta \quad p \quad r \quad \phi]$。

控制输入为

$$u(x,t) = [\delta_e \quad \delta_T \quad \delta_a \quad \delta_r] \tag{7.2}$$

式中，p、q、r 为飞机的角度率，通常情况下角度和角速度都以弧度 rad 和 rad/s 来表示。这里为了方便计算和分析，将其转化为刻度(°)和(°)/s。

为了方便解算飞机六自由度运动方程组,需要先将飞机所受的所有力和力矩转化到机体坐标系中,然后求解出机体坐标系中的合力及合力矩。由正常状态飞机运动模型可知,单发失效后的飞机在飞行过程中依然受到空气动力、发动机推力、重力的作用。增加了单发推力 T 引起的附加力矩的合力和合力矩的表达式改写如下:

$$\boldsymbol{F}_C = \begin{bmatrix} F_x \\ F_y \\ F_z \end{bmatrix} = \begin{bmatrix} -mg\sin\theta - D\cos\alpha\sin\beta - Y\cos\alpha\sin\beta + L\sin\alpha + T \\ mg\cos\theta\sin\phi - D\sin\beta + Y\cos\beta \\ mg\cos\theta\cos\psi - D\sin\alpha\cos\beta - Y\sin\alpha\sin\beta - L\cos\alpha \end{bmatrix}$$
(7.3)

$$\boldsymbol{M}_C = \begin{bmatrix} L \\ M + M_y \\ N + M_z \end{bmatrix} = \begin{bmatrix} \dfrac{1}{2}C_l\rho V^2 Sb \\ \dfrac{1}{2}C_m\rho V^2 Sc + (T_y + D)l_y \\ \dfrac{1}{2}C_n\rho V^2 Sb + (T_z + D)l_z \end{bmatrix} \quad (7.4)$$

式中,l_y、l_z 分别为发动机推力线位置到飞机质心位置的距离;L、D、Y 分别为升力、阻力和侧力;m、l、n 分别为俯仰力矩、滚转力矩和偏航力矩;c 为飞机机翼的平均几何弦长;θ、ϕ、ψ 为飞机的姿态角;α、β、V 为飞行过程中的迎角、侧滑角和飞行空速指令。

7.2.2 控制目的

重构控制作为控制理论领域中的动力系统的容错控制方法,目的是当飞机发生故障或者损伤时,飞行控制系统可以利用剩余的有效控制机构补偿故障或损伤对飞机造成的影响,从而保证飞机可以继续安全地飞行。控制重构不但包括架构的重新调整,也包括控制器参数为了配合新的架构而做的参数调整。

重构飞行控制的方法很多,其划分依据不同,分类方法也不尽相同。根据重构对象模型的不同,可以分为基于线性化模型的重构控制和基于非线性化模型的重构控制;根据设计方法,可以分为主动方法和被动方法；根据对故障信息的依赖程度或者工作时序，可以分为直接法和间接法等。

基于线性化模型的重构控制方法在设计时，实质上是把非线性模型转化为线性模型，因此这种方法有较大的局限性；而基于非线性模型的重构控制，应用比较广泛的有反馈线性化方法、增益预置方法等。由于非线性系统一般比较复杂，很多问题也亟待解决。

在飞机出现推力不对称情况时，其纵向及横侧向特性会受到影响，但是纵向影响较小。从飞行力学的角度分析推力不对称飞行时飞机的可控条件以及平衡飞行姿态时，为了保持正常飞行，需要对横侧向控制律进行补偿设计，减小人工操作的负担。其本质是通过对已研究的控制律进行重构，将经过处理的控制指令输入飞行控制计算机，驱动飞机在仅有一个发动机工作的情况下继续保持基准飞行运动，对飞行任务的期望姿态能够实现快速和精确的响应。

正常状态的控制律不足以控制单发失效的飞机，因此设计了相应的重构控制律。

7.3　重构飞行控制系统

在各种重构控制方法中，控制律重构设计方法简单可靠，因此被广泛应用于工程实践中，并且已证明了递归识别和可重构控制算法是可实时实现的[4]。它的基本思想是利用先验的故障及各种信息，预先设计重构控制方案，离线设计出各种故障下所需的、合适的控制律参数，并存储在飞行控制计算机。在发生故障后，控制系统根据故障诊断与识别系统获得的故障信息选择合适的控制律，保障故障后飞机的安全飞行。重构飞行控制系统原理如图 7-1 所示。

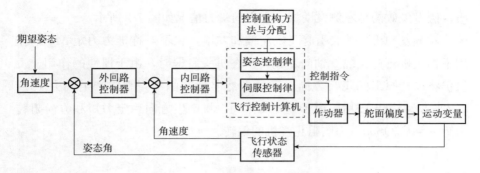

图 7-1 重构飞行控制系统原理

7.3.1 单发失效情况下的控制律重构方法

小型固定翼飞机的发动机一般对称位于两侧机翼下方,数量一般为两台或四台。当左右两侧发动机由于故障原因导致两侧工作状态不同甚至单侧发动机失效时,会引起推力的不对称,从而使得飞机由于力和力矩不平衡出现偏离预定航线或失控的现象。

发动机推力的产生是一个复杂的动力学过程,它不仅与发动机油门偏度 δ_T 有关,而且与飞机的飞行姿态、高度、速度、空气密度有关。在仿真研究当中,单发失效也可以理解为飞机推力不对称的一种特殊情况。

对于双发动机的飞机而言,一台发动机失效,必然存在推力不平衡,仅有的工作侧发动机产生推力 T,同时,失效侧发动机会产生阻力 D,这两个不平衡力会产生不平衡力矩 M_{asy},其表达式如下:

$$M_{\mathrm{asy}} = (T+D)l_y = M_T + M_D \tag{7.5}$$

总的来说,由于不对称推力和不平衡升力,双引擎飞机的一个发动机功率损失将会导致飞机的纵向和横侧向平衡受到影响,此时的受力情况会发生变化,产生侧滑角及滚转角而迫使飞机偏航并向不工作的发动机方向滚动。同时,由于损失了大约一半的总推力使飞行高度降低。飞机若继续保持定直平飞,则必须平衡所受的力矩。

不同侧的发动机失效在受力分析时,其本质是相同的。为了方便分析,假设失效的是左侧发动机。飞机的受力情况如图 7-2 所示。

左侧发动机失效会引起飞机左偏和左滚,在不对称推力力矩 M_{asy} 的作用下,飞机将首先绕 y 轴向左偏转。在机头左偏时,由于惯性的作用,飞机仍将保持原来的飞行方向,于是必然出现右侧滑,垂尾产生侧力 $Y_\beta = C_{Y\beta}QS\beta$,侧滑出现后,由于垂尾的作用,将产生方向稳定力矩和方向阻转力矩 $n_\beta = C_{n\beta}QSb\beta$,力图阻止飞机的偏转。

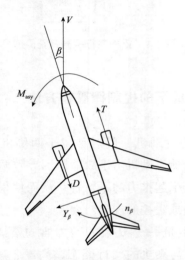

图 7-2 单发失效后飞机偏航运动

由于在飞机偏转的最初阶段,侧滑角较小,上述方向稳定力矩和阻转力矩之和比由不对称推力形成的偏航力矩小得多,因而飞机的侧滑角将在一定范围内一直增大,直到方向稳定力矩与阻转力矩之和与偏航力矩相等时,侧滑角才保持不变,此时侧力和偏航力矩平衡方程为

$$C_{Y\beta}\beta + C_{Y\delta_r}\delta_r + C_{Y\delta_a}\delta_a + G\sin\phi/QS = 0 \tag{7.6}$$

$$C_{n\beta}\beta QSb + C_{n\delta_r}\delta_r QSb + C_{n\delta_a}\delta_a QSb + M_{asy} = 0 \tag{7.7}$$

实际上,一旦机头左偏而出现右侧滑,则右翼升力将会比左翼升力大,即左右翼将出现升力差 ΔL。图 7-3 中显示的机翼升力差的作用下,产生滚转力矩 $l_\beta = C_{l\beta}QSb\beta$,飞机必然要向左滚转,即向失效发动机一侧滚转,并出现机头下沉现象。

同时由于飞机发生了倾斜,升力方向改变,会产生侧力 $Y_\phi =$

$C_LQS\sin\phi$。综上所述，单发失效故障破坏了飞机横侧向运动平衡。滚转力矩平衡后方程为

$$C_{l\beta}\beta QSb + C_{l\delta_r}\delta_r QSb + C_{l\delta_a}\delta_a QSb = 0 \tag{7.8}$$

式中，Q、S分别为飞机动压、飞机的机翼参考面积；b为飞机机翼的翼展长度。

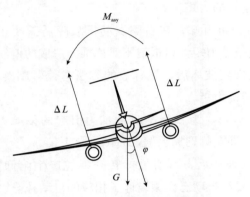

图 7-3 单发失效后飞机滚转运动

在正常状态下，发动机引起的俯仰力矩可以通过安装位置和安装角度抵消，纵向力矩是自平衡的；在单发失效后，如图7-4所示，左侧发动机产生的俯仰力矩消失，与之对应的发动机引起的俯仰力矩 $M_{\text{asy}}=(T+D)l_z$ 依然存在，且由于偏心距l_z较小，因此有微小的低头趋势。

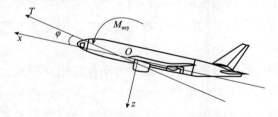

图 7-4 单发失效后飞机俯仰运动

由于发动机失效，部分推力消失，从而也破坏了原有的纵向运动平衡，导致总推力减小，阻力因失效发动机产生附加阻力而增加，致使飞行速度减小、高度降低。

7.3.2 故障时受力平衡条件分析

由于飞机单发失效,飞机的纵向、横向运动平衡遭到破坏。

(1)航向平衡遭到破坏后,最有效的方法是偏转方向舵产生方向操纵力矩平衡使机头偏转的力矩。

(2)根据受力分析可知,在右侧发动机故障后需要正向偏转(向右边打)方向舵产生负偏航力矩,以抵消不对称推力造成的偏航力矩。

(3)滚转平衡遭到破坏后,最有效的方法是偏转副翼产生滚转操纵力矩平衡使飞机滚转的力矩。

(4)根据受力分析,为平衡不对称推力引起的偏航力矩及滚转力矩,应正向偏转副翼,即左侧副翼上偏,右侧副翼下偏。

俯仰平衡遭到破坏后,可通过偏转升降舵产生俯仰操纵力矩使其平衡,文献[5]根据发动机动态模型设计了相应的自动补偿控制律。

推力不对称情况出现后,飞机出现机头下沉的现象,此时需要向负向偏转升降舵,产生正俯仰力矩以抵消推力不对称引起的负俯仰力矩,使飞机抬头,保持原有飞机迎角。因为纵向平衡破坏不是很明显,适当改变升降舵偏度即可恢复。

发动机故障导致不对称推力时,飞机会倾斜,发动机功率输出减少以恢复可控飞行条件。当速度减小时,增大油门可保持速度。为保证飞行安全,不降低高度而是增大油门偏度增加推力[6]。同时依靠横侧向控制舵面抵消偏航力矩和滚转力矩。

由于横侧向运动耦合的影响,操纵方向舵或副翼同时也会产生交叉操纵力矩,补偿或加深飞机的推力不对称状态。与对纵向的影响相比,推力不对称对飞机横侧向影响较大。若飞机能够及时抵消推力不对称引起的偏航运动,则可明显地降低对其他运动的影响。若方向舵效能足够,在飞机处于不对称推力飞行时,常见的是采用带侧滑无坡度飞行,因为此时飞机比较容易驾驶[7]。

以上都是单个舵面的偏转产生的效果分析,虽然单个舵面偏转在一定程度上有补偿效果,但是无法保证飞机整个运动过程都有效,所以不能达

第 7 章 飞机单发失效容错控制

到良好的补偿效果。偏转单种舵面也可能不能产生足够的力矩完全抵消不对称推力引起的滚转力矩及偏航力矩。因此，需要研究舵面组合偏转对推力不对称的补偿效果，即综合补偿方案研究。

7.4 控制律重构设计方法

飞机的基准运动为发动机失效前的对称定常直线飞行，现在由于发动机失效产生不对称推力，导致偏离原来的基准状态。这是一种危机状态，需要立即采取行动来抵消 M_T、M_D。为了使单台发动机推力能够保持飞机的基准运动，通过启动工作发动机以补偿推力损失并提供足够的空速，确定方向舵和副翼控制的新组合以抵消不利的偏航和横摇运动，使飞机达到稳定可行的飞行状态。

由式(7.7)和式(7.8)可知，侧滑角 β 和方向舵偏度 δ_r 的关系并不固定，可以推导出以下配平方式：

$$\begin{cases} \beta = [(T+D)C_{Y\delta r} - C_{n\delta r}\sin\phi \cdot G]/qS(C_{Y\beta}C_{n\delta r} - C_{n\beta}C_{Y\delta r}) \\ \delta_r = [C_{n\beta}\sin\phi \cdot G - C_{Y\beta}(T+D)]/qS(C_{Y\beta}C_{n\delta r} - C_{n\beta}C_{Y\delta r}) \end{cases} \quad (7.9)$$

β 和 δ_r 的关系与飞机的配平方式有关，所以 β、δ_r 两项中至少一项需要调整，即驱动飞机保持侧滑角飞行或偏转方向舵，来抵消单发失效引起的力矩；同时利用副翼来抵消调整这两个状态而带来的滚转力矩，即这种方法需要相应地改变飞机的滚转角。

7.4.1 策略一 机翼向工作发动机一侧倾斜，无侧滑飞行

为了使飞机没有侧滑角带来的阻力，并且保证正常侧发动机推力效率最大化，可以调整副翼的偏度，使飞机向工作侧发动机倾斜飞行，保持机头方向和前进速度方向一致，从而不产生侧滑。倾斜的角度取决于不对称推力造成的偏转力矩的大小，但角度过大，会使升力的垂直分量减小过

多,导致飞机掉高度或减小上升梯度,故角度不能太大,要受极限坡度的限制(图 7-5)。

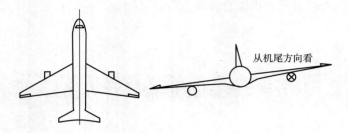

图 7-5　控制策略一

假设左侧发动机失效,并且保持 $\beta=0$ 时,由侧力方程(7.6)可以得到滚转角表达式:

$$\phi = \arcsin\left(\frac{C_{nT}C_{Y\delta r}}{C_{n\delta r}}\right) = \arcsin\left(\frac{M_{asy}C_{Y\delta r}}{QSlC_{n\delta r}}\right) \quad (7.10)$$

并且由于 $M_{asy}/qSl>0$, $C_{Y\delta r}>0$, $C_{n\delta r}<0$,可知该滚转角为正值。此时飞机方向舵产生的侧力 Y_δ,由飞机倾斜产生的升力分量 $L\sin\phi$ 平衡,同时该升力需要抵消重力在机体轴上的分力。由于没有侧滑,飞行阻力最小,剩余推力最大,因而适合于飞机做平飞、上升或复飞。

7.4.2　策略二　机翼保持水平,带侧滑飞行

控制策略二如图 7-6 所示。

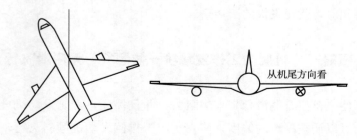

图 7-6　控制策略二

若飞机方向舵能够产生足够的偏航效能，这是在单发失效后最常见的操作策略，因为此时的飞机比较容易被控。文献[8]采用了方向舵补偿的方式改善飞机的操稳特性。其特点是，由于带侧滑，飞行阻力大，不适合用于上升飞行，但是机翼保持水平，可用于平飞、下降以及着陆。

调整方向舵偏量，以使飞机向失效发动机一侧带侧滑飞行。此时侧滑引起的侧力 Y_β 将完全由方向舵产生的侧力 $Y_{\delta r}$ 来抵消，由不对称推力形成的偏转力矩 M_{asy} 和由侧滑形成的方向稳定力矩 n_β 均需由操纵力矩 $n_{\delta r}$ 来平衡，而由不对称推力形成的滚转力矩 M_{asy} 则由侧滑引起的稳定力矩来 l_β 平衡，所以不需要使飞机方向发生倾斜。

由侧力方程可以得到此时的侧滑角为

$$\beta = \frac{1}{C_{Y\beta}C_{n\delta r} - C_{n\beta}} \left(C_{n\delta r} C_n \cdot \phi - \frac{M_{asy}}{QSl} \right) \tag{7.11}$$

7.4.3 策略三 机翼向工作发动机一侧倾斜，带侧滑飞行

控制策略三如图 7-7 所示。

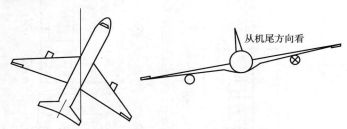

图 7-7 控制策略三

在方向舵效能不足以平衡的情况下由不对称推力形成的偏转力矩时，可采用机翼向工作侧发动机一侧倾斜，带侧滑飞行的飞行状态。控制策略三增加方向舵和副翼偏度，使飞机向失效发动机一侧偏转并且保持机身侧滑飞行，产生足够的制偏力矩[9]。

在这种飞行状态下，由飞机的受力情况可知，此时由不对称推力形成的偏转力矩 M_{asy} 由侧滑形成的方向稳定力矩 n_β 和方向舵和副翼产生的操纵

力矩 $n_{\delta r}$、$n_{\delta a}$ 来平衡。侧滑产生的侧力 $Y_{\delta r}$ 和方向舵产生的侧力 Y_β 由滚转产生的升力分量 $L\sin\phi$ 平衡。

$$M_{\text{asy}} = n_\beta + n_{\delta r} + n_{\delta a} \tag{7.12}$$

$$Y_{\delta r} + Y_\beta = L\sin\phi \tag{7.13}$$

$$L = G\cos\phi \tag{7.14}$$

这种飞行方式阻力很大，飞行性能明显变差，因而只在方向舵不能提供足够阻偏力矩或飞机处于小速度航行状态的情况下才采用。

7.4.4 控制器设计

本节描述了单发失效后的飞机重构控制设计过程。由于发动机失效引起的不对称推力，若不加以控制，通常会导致事故。为了安全性考虑，需要在故障过程当中进行自动补偿来调整平衡条件并消除偏离预定航线的情况。控制器结构框图如图 7-8 所示。控制器按照运动方式主要分成纵向控制器和横侧向控制器。

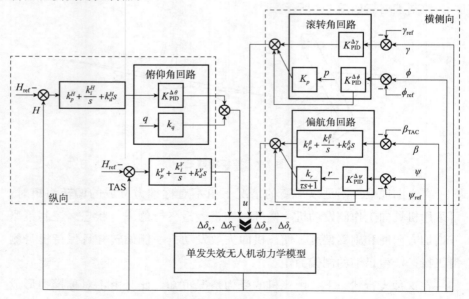

图 7-8　控制器结构框图

由推力不对称时纵向正常控制律的响应特性可知,纵向重构控制律的目的是使飞机无误差地跟踪控制指令,并具有较好的动态响应,并且已知推力单发失效对纵向回路的影响较小。前文提出的三种控制策略都是针对横侧向控制律的改进,因此纵向控制律都一致。

本研究对象的飞机纵向控制回路(图 7-9)包括高度控制回路、油门伺服回路以及俯仰角控制回路。

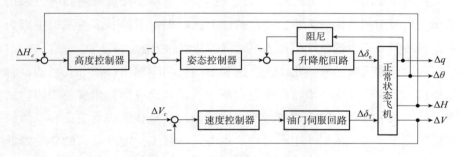

图 7-9　纵向控制回路结构

其中,高度控制回路是通过对升降舵回路进行控制实现对飞行高度的改变或者保持,并且为了保障高度控制系统的精度,加入了积分环节设计的控制律。

$$\delta_e = K_{\text{PID}}^\theta \Big[\theta - \Big(k_p^H + \frac{k_i^H}{s} + k_d^H s \Big)(H - H_{\text{ref}}) \Big] + k_q q \qquad (7.15)$$

速度控制回路通过油门杆开度(power level angle)大小实现单发失效后的飞机飞行速度保持不变。

$$\delta_T = \Big(k_p^V + \frac{k_i^V}{s} + k_d^V s \Big)(\text{TAS} - V_{\text{ref}}) \qquad (7.16)$$

1. 机翼倾斜工作,发动机一侧且无侧滑地飞行

相较于正常状态的飞行控制律,该控制策略利用机翼向工作侧发动机倾斜,需要由滚转角通道控制副翼,偏航角控制方向舵,属于比较简单的控制方法,差异较小。同时由于飞行控制的强耦合性、飞行高度、速度等飞行状态都会对控制效率产生复杂影响,加上飞机机型机构的限制,相较于正常状态的控制器有所不同。PID 控制器的参数和结构需要进行相应的调整。

$$\delta_a = K_{\text{PID}}^{\phi}(\phi - \phi_{\text{ref}}) + K_p p$$
$$\delta_r = K_{\text{PID}}^{\psi}(\psi - \psi_{\text{ref}}) K_r \frac{1}{\tau s + 1} r \quad (7.17)$$

需要特别注意的是，这里的期望滚转角经过式(7.12)的配平后计算得

$$\phi_{\text{ref}} = \arcsin\left[\frac{(T+D) l_y C_{y\delta r}}{QSl C_{n\delta r}}\right] \quad (7.18)$$

这与所提出的控制方式是一致的，都是通过驱动飞机带倾斜飞行来抵消单发失效引起的偏航力矩，在此基础上已经提出了抑制多发飞机中因为发动机故障而产生的发动机推力不对称的装置和方法。

通过监测飞机的倾斜角度、空速和发动机功率输出，该方式目的是将发动机故障期间导致的滚转角度限制到飞机最大允许倾斜角度范围内，从而允许飞机空气动力学控制面保持方向控制。如果在这些低空速和大倾斜角的条件下，飞机依旧产生不对称的推力，正常工作的发动机的功率降低是必需的。通过减少运行引擎的功率输出来限制引擎故障所产生的反向偏航，从而减少飞机滚向不运行引擎的趋势。

综上，倾斜机翼来抵消飞机单发失效引起的偏航力矩是较为简单有效的控制方法。

2. 机翼保持水平、带侧滑飞行

相较于正常状态的方向舵控制通道，本重构控制引入了侧滑角反馈，则可迅速产生方向舵偏转指令，用以产生航向操纵力矩来抵消推力不对称引起的偏航力矩，从而尽早抑制侧向偏离，实现不对称推力自动补偿。因此，在不改变横航向控制系统参数的前提下，当出现推力不对称时，通过航向通道中增加的侧滑角反馈，采用 PID 控制器来控制推力不对称情况下飞行的稳定性。

按照机翼保持水平带侧滑的飞行方式，根据式(7.13)配平的侧滑角表达式如下：

$$\beta_{\text{TAC}} = \frac{(T+D) l_y}{qSbR}, R = \frac{C_{n\delta a} C_{l\beta}}{C_{l\delta a}} + \frac{C_{n\delta r} C_{Y\beta}}{C_{Y\delta r}} - \frac{C_{n\delta a} C_{Y\beta} C_{l\delta r}}{C_{Y\delta r} C_{l\delta a}} - C_{n\beta} \quad (7.19)$$

此时的横侧向重构控制律为

$$\delta_a = K_{\text{PID}}^{\phi}(\phi - \phi_{\text{ref}}) + K_p p$$

$$\delta_r = \left(k_p^\beta + \frac{k_i^\beta}{s} + k_d^\beta s\right)(\beta - \beta_{\text{TAC}}) + K_\gamma^{PI}(\gamma - \gamma_{\text{ref}}) + \\ K_{\text{PID}}^\phi(\psi - \psi_{\text{ref}}) + K_r \frac{1}{\tau s + 1} r + K_{\text{ARI}} \delta_a \tag{7.20}$$

式中，ϕ_{ref} 和 ψ_{ref} 分别为给定的滚转角和偏航角。同样地，引入积分环节以消除稳态误差。通过设置期望航迹角为 0，可以使飞机保持在预定航线上。

相比于文献[10，11]，本节所提出侧滑角反馈的侧向控制补偿的方法，不需要精确的发动机转速信息。该方法实际上属于开环补偿方式，其特点是舵面响应快，补偿及时，但是需要精确计算发动机各状态点的转速差与舵偏量的传动比，否则容易引起补偿不足或补偿过量。况且，对于小型飞机，受其结构限制，不方便增加过多的传感器或控制系统。

而文献[12]就提供了一种产生飞机动态推力非对称方向舵补偿指令的方法和装置，该舵指令没有直接的推力测量，适用于以补偿 OEI 情况下的双引擎飞机命令。这里没有直接对发动机推力进行测量，而是通过基于沿飞行路径的加速度和测量的飞行垂直速度的低通滤波得到的过剩推力估计，它由一个冲洗滤波器进一步过滤，以产生只对过剩推力估计值的变化敏感的数据。其结果是限制了方向盘补偿指令，以防止产生过度的方向盘补偿指令。

然后，所提出的控制器也引入了侧滑角反馈的方向舵控制律，但是完全不需要知道发动机的运转情况就可以做出补偿。

3. 机翼向工作侧发动机倾斜，带侧滑飞行

该控制策略是以上两个控制策略的整合，主要是引入了航迹角产生副翼控制偏转指令，保证飞机速度方向和飞行轨迹方向一致，并且使机身倾斜来配合方向舵产生足够的侧力以抵消推力不对称导致的偏航力矩，基于控制律式(7.17)和式(7.20)，该方法的控制律设计如下：

$$\delta_a = K_\gamma^{PI}(\gamma - \gamma_{\text{ref}}) + K_{\text{PID}}^\phi(\phi - \phi_{\text{ref}}) + K_{\text{PID}}^\psi(\psi - \psi_{\text{ref}}) + K_p p \\ \delta_r = \left(k_p^\beta + \frac{k_i^\beta}{s} + k_d^\beta s\right)(\beta - \beta_{\text{TAC}}) + K_r \frac{1}{\tau s + 1} r + K_{\text{ARI}} \delta_a \tag{7.21}$$

不对称推力状况下保持飞机航迹角,通常都需要组合副翼和方向舵,来达到这一效果。

同样地,文献[13]克服了传统系统的不足,减少了飞行员在非对称飞行条件下的回路控制的工作量。将手动输入的或者发动机控制增强(ECA)控制器输出的方向舵信号反馈给滚转控制,控制副翼或者阻流片保持原飞行的轨迹角度飞行。

7.5 固定翼飞机单发失效 Simulink 仿真

本节将主要介绍数字仿真的结果,以说明单发失效故障是如何影响飞机飞行的,以及本研究的重构控制器如何缓解故障的影响,并保证飞机使用余下的工作发动机完成飞行任务。

本节的研究对象,同样为第 3 章的通用研究模型 CRM 飞机。在原始 CRM 模型中,为了确保数据可公开以及兼顾与工业界现代典型的商用机相衔接,一方面对机翼进行全新设计,另一方面,保留飞机的机身、平尾和垂尾等部位的关键尺寸、布局参数与波音 B777-200 一致。

本节仿真所采用的 CRM 飞机结构参数见表 7-1。

表 7-1 CRM 飞机结构参数表

模型比例	1∶40.9	参考面积	0.229 2 m^2
参考展长	1.43 6 m	平均气动弦长	0.171 21 m
力矩参考中心	0.765 60 m	副翼偏转范围	±30°
力矩参考中心	0.046 90 m	方向舵偏转范围	±40°
力矩参考中心	0	升降舵偏转范围	−35°~+30°
平尾偏转范围	−18°~+7°	—	—

图 7-10 给出了仿真试验的轨迹,并且同在仿真试验第 20 s 时发生左侧单发失效故障。三者的结果不一致,但是都能修正飞机的飞行轨迹。单发

失效轨迹正如前文分析的那样，发生朝飞行方向左侧的偏航运动，并且由于没有办法提供足够的推力，会导致飞机速度会先减小，并且在重力作用下飞行高度会降低至坠落停止。而增加推力后轨迹虽然没有坠机，但是已经失去了对航向的控制，没有办法跟踪原轨迹，在仿真结束时已经偏离原定轨迹 85 m；相对于重构控制的轨迹，基本上能够保持预设轨迹做定直平飞运动，能够实现平稳跟踪，和正常状态相比，仅在地面坐标系 y 轴方向上有 2～4 m 的偏差。

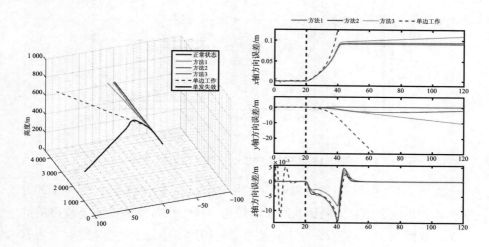

图 7-10　飞机飞行轨迹及沿坐标轴分量轨迹跟踪

由图 7-11 可以看到左右发动机的推力情况，在故障发生前，发动机总推力为 7.214 N，且左右一致。若不对发动机施加指令，可以看到在第 20 s 时，左侧发动机推力以线性速度下降至 0，右侧保持不变，而总推力也由正常状态下降至和右侧相同。然而在重构控制仿真中，当左侧发动机推力开始下降时，右侧发动机也开始以相似的速率增加，直到左侧发动机完全失效时，右侧发动机已经提供了 7.055 N 的推力，以保证飞机的飞行所需。可以看出，重构控制下的发动机推力是一个随着发动机失效而同时发生的调节过程，这表明该方法不仅能保证飞机飞行控制系统的稳定性，还能确保响应指令的及时性。

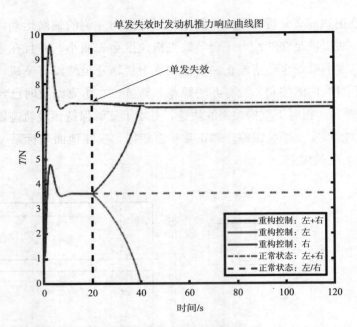

图 7-11 飞机重构控制发动机推力响应

由图 7-12(彩图 7-12)可以看到上述飞行仿真的状态响应曲线。正如分析所言，单发失效对纵向运动的影响较小，增大增益就能恢复至故障前的状态，如图 7-12(a)所示，在不同控制器的作用下跟踪上迎角和 36.58 m/s 的空速正常状态值。侧滑角响应曲线变化较大，由于飞机做定直平飞运动，所以蓝色表示正常状态下无侧滑角产生。另外，仿真时左侧发动机失效，所以产生了 1.544°的正值的侧滑角。

图 7-12(b)反映了重构控制仿真的侧滑角响应情况：方法 1 不产生侧滑角，很快便收敛回 0 侧滑角状态；方法 2 不需要精确地补偿侧滑角期望值，在故障发生后自行达到稳定状态；方法 3 计算出补偿侧滑角期望值，如虚线所示最终稳定在 1.923°，也能观察到修正后的实际侧滑角曲线能够实现该值的跟踪，并且大约在故障发生 23 s 后完全跟踪上。

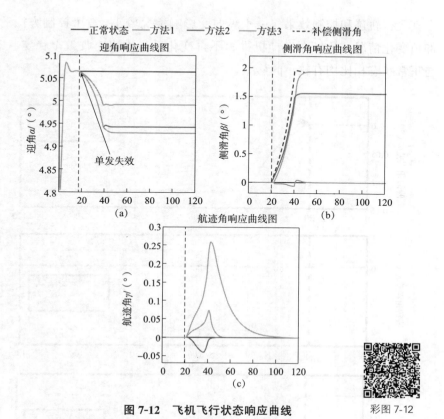

图 7-12　飞机飞行状态响应曲线

另外，还可以在图 7-12(c)中看到航向角 γ 的响应曲线，即飞机飞行速度方向在水平面上的投影与预设轨迹的切线方向的夹角的对比情况。方法 1 和 3 都需要使用副翼来抵消偏航力矩，故航迹角的响应曲线形状相似。并且由于侧滑角补偿，方法 3 修正后航迹角曲线仅在故障后第 21 s 有一个 0.3°的峰值出现，随后很快就收敛至正常状态的 0°曲线上；方法 2 只是依靠方向舵来抵消偏航，它收敛至平衡的响应速度最快，超调也最小，这在一定程度上表明补偿侧滑角能帮助单发失效后的飞机恢复基准运动，有助于实现更精准的控制效果。

如图 7-13(彩图 7-13)所示，从飞机俯仰、滚转和偏航 3 个姿态角以及速度响应曲线进行观察和分析。重构控制修正的响应曲线与蓝色正常状态相比，它们的姿态角变化情况也符合其飞行轨迹和控制效果。由于纵向受影响情况较小，3 个控制方法的俯仰角变化情况一致，在发动机推力不再变化后，均快速收敛至稳定状态，与正常状态相比均有较小的静差。

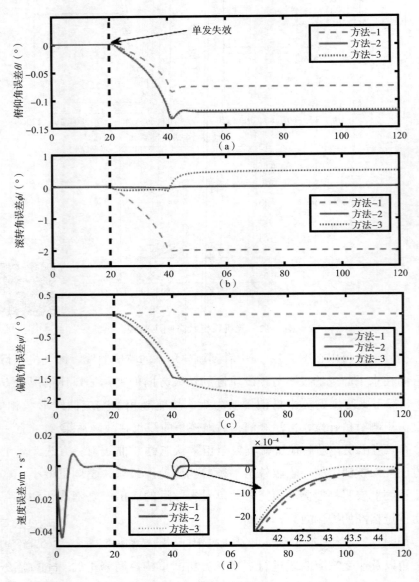

图 7-13 飞机重构控制姿态角响应

方法 1 需要控制副翼来倾斜机翼到合适位置，也就是计算的期望滚转角为 $-2°$，可以由图 7-13(b) 看到其滚转角响应曲线随着期望曲线（红色虚线）稳定变化直至达到稳定状态，该方法不依赖方向舵产生阻偏力矩，相应地，偏航角就不会发生变化，保持无侧滑角的状态。图 7-13(c) 也能看到，方法 1 的偏航角在发动机失效后产生了微小的 $0.12°$ 的响应峰值便回复至 $0°$ 状态。

方法 2 只改变方向舵偏度来抵消发动机产生的偏航力矩，其方向舵不仅受偏航角通道控制，还引入了侧滑角通道，所以随着补偿侧滑角的增大，重构控制下的飞机偏航角也随之变化到 $-1.544°$，直到满足航迹角收敛至 $0°$，即飞机故障后恢复定直平飞基准运动。图 7-13(b) 中的滚转角响应曲线始终保持在 $0°$，说明机翼在重构控制中一直保持水平状态，符合该控制策略的预期。

方法 3 在倾斜机翼的同时，还调整了方向舵的偏度，利用侧滑角来平衡飞机单发失效状态。该方法在副翼控制中引入了航迹角通道，在方向舵控制中引入了侧滑角通道，由于横航向运动通常是耦合在一起的，该方法的滚转角和偏航角响应曲线，也都呈现相应的变化情况。最终飞机产生 $0.478°$ 的滚转角，偏航角稳定在 $-1.913°$，并且相较于方法 1 和方法 2，达到姿态稳定的时间更长。

图 7-14（彩图 7-14）显示了重构控制指令响应曲线。图 7-14(a) 中指令发送至飞机以控制升降舵分别改变至 $-2.49°$、$-2.34°$、$-2.25°$ 的舵偏度产生足以抵消不对称力的俯仰力矩，保证飞机能够恢复故障前的速度；在图 7-14(b)、图 7-14(c) 中，根据不同的控制策略驱动方向舵和副翼，使飞机保持稳定的

彩图 7-14

侧滑角飞行或稳定的倾斜角度，产生能够抵消单发失效引起的偏航力矩的侧力；以上 3 种方法的油门开度响应曲线[图 7-14(d)]都从故障发生以前的 0.28 调整到 0.55 附近，这是因为只要保证飞机维持在基准运动的空速就可以，即发动机产生能够维持 36.58 m/s 空速的动力，况且故障引起的偏航力矩和当前飞行速度成正比。

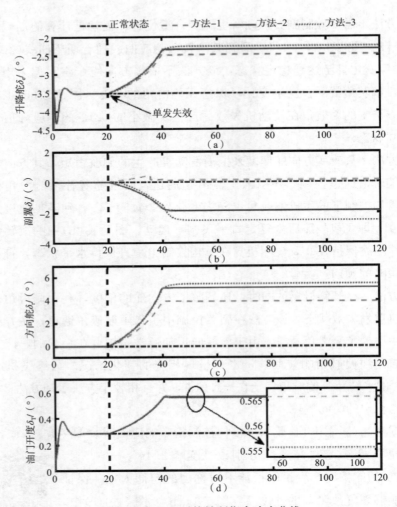

图 7-14 飞机重构控制指令响应曲线

参考文献

[1] 韩丰波，于新江，樊丹. 某大型运输机不对称推力飞行初探[J]. 飞行力学，1997(03)：80-83.

[2] 陈瑜. 单发失效对飞机性能的影响以及处置[J]. 中国科技投资，2018，000(003)：238.

[3] 欧阳一方，李佳. 民用飞机单发失效时仿真研究[J]. 软件导刊，2011，10(011)：113-114.

[4] SHORE D，BODSON M. Flight testing of a reconfigurable control system on an unmanned aircraft[C]//American Control Conference IEEE，2005.

[5] 郭金花，安刚，赵海. 单发失效推力不对称自动补偿控制律研究[C]// 2010 中国制导、导航与控制会议，2010.

[6] HERNANDEZ-DIAZ J H. Method and apparatus for limiting adverse yaw-induced roll during engine failure in multiengine aircraft：US，US4884205 A[P]. 2009-08-21.

[7] 李睿超，郭迎清. 基于性能退化缓解的双发推力匹配控制[J]. 航空工程进展，2015，6(1)：64-70.

[8] 张旭东，李永涛，王璠，等. 双发无人机单发失效动力学分析与仿真[C]// 探索 创新 交流——第六届中国航空学会青年科技论坛文集（上册）. 航空工业出版社，2014，484-487.

[9] JI M，JIANG J，XUE W，et al. research on technology of thrust asymmetry lateral compensation for large aircraft[J]//Advanced Materials Research，2011.

[10] 赵海，姬云，李宏刚. 不对称推力完全自动补偿技术[J]. 航空学报，2017，38(S1)：62-70.

[11] 张珊珊，薛源，朱妍. 大型运输机推力不对称补偿控制律设计[J]. 飞行力学，2017，35(5)：36-39.

[12] DECK T D，LOCHTIE D W. Method and apparatus for providing a dynamic thrust asymmetry rudder compensation command with no direct thrust measurement：US，US5657949 A[P]. 1996-11-13.

[13] NADKARNI A A，SANKRITHI M M K V. Apparatus and methods for maintaining aircraft track angle during an asymmetric flight condition：US，US5060889 A[P]. 1991-10-29.

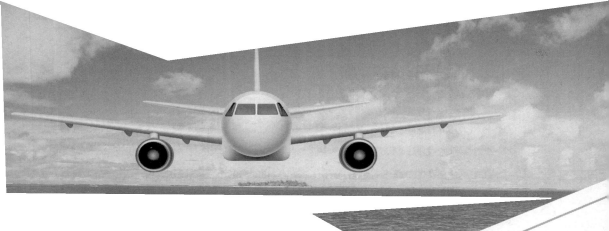

第 8 章
容错控制风洞模型飞行试验

8.1 风洞模型飞行试验概述

国内外目前关于飞机结构性故障的研究与试验验证工作主要研究方式有以下几种：一是利用常规静动态试验或 CFD 计算，研究结构性故障对飞机气动特性的影响，在此基础上进行故障气动力建模和仿真研究；二是缩比模型大气自由飞试验，主要研究简单结构性故障后的容错控制与导航系统重构；三是全尺寸飞机的试飞试验，主要进行操纵面故障或简单结构故障的飞行验证，其中关于结构性故障的研究仅限于简单故障的模拟，例如将平尾角度偏转到零升力状态以模拟平尾丢失故障。上述研究手段与技术各有利弊，常规风洞试验或 CFD 计算，仅限于研究气动特性，无法直接研究飞行动力学和控制特性与模拟结构化故障的动态过程；大气模型飞行试验或试飞试验的试验成本高、风险大，仅限于研究相对简单的故障。对于飞机复杂的故障或结构损伤情况，为验证性能边界和系统可重构的极限能力，需要研究试验条件易于设定、可重复性高，试验成本和风险可控，可以进行飞机气动特性、飞行动力学特性和飞行控制特性综合研究的平台。

　　风洞模型飞行试验作为由常规风洞试验到大气模型飞行试验/全尺寸飞机试飞试验之间的一个衔接环节，在试验周期、风险、成本等方面具有突出的特点和优势[1]，是研制新一代战斗机的重要试验技术和实现气动/飞行/控制一体化评估的重要试验平台。该平台可以进行先进战斗机的大迎角非线性/非定常气动力模型辨识与模型验证、操稳特性评估、边界特性评估、故障状态评估、控制方案验证等，从而在设计阶段及早发现问题、探索不同解决方案并实现快速验证。这对于新型战斗机气动布局设计、先进控制方法应用及其他新技术的探索与验证等工作具有重要意义[2]。

　　低速风洞模型飞行试验，是指在低速风洞中利用动力相似缩比模型飞机进行放开部分或全部运动自由度的飞行模拟试验，通过有效模拟飞机飞行的物理过程，实现飞机的气动、飞行动力学与控制特性研究的风洞动态试验技术。就模型运动自由度而言，最典型的包括模型三自由度运动的风洞虚拟飞行试验[3]和六自由度运动的带动力模型自由飞试验[4]。

　　风洞虚拟飞行试验装置将缩比模型飞机通过球铰与腹撑（或背撑）支杆相连接将其安装于风洞试验段，使模型线位移固定但具有三个角运动自由度，模型上安装机载传感器测量飞机运动参数，飞机操纵面通过舵机控制偏转，从而可以进行开环或闭环的飞机操纵响应试验。在带动力模型自由飞试验中，模型无支撑装置、六自由度运动不受约束，带动力的缩比模型飞机在大型低速风洞试验段内六自由度飞行，形成与原型机空中飞行运动自由度相同的试验环境。两个试验装置在系统组成上均包含动力相似缩比模型、机载姿态测量传感器、操纵面偏转驱动舵机、飞控计算机、飞行操纵台等。其中，风洞模型自由飞试验装置中还包含发动机动力模拟系统，为模型提供动力。两种试验装置如图 8-1、图 8-2 所示。

第 8 章　容错控制风洞模型飞行试验

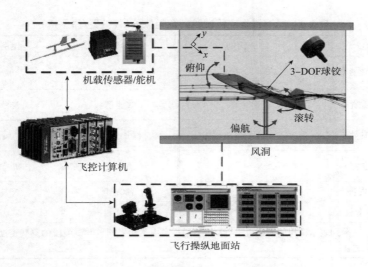

图 8-1　虚拟飞行试验系统

图 8-2　风洞模型自由飞试验装置

在低速风洞模型飞行试验中，为了使试验结果反映全尺寸飞机的稳定与控制特性，弗劳德数(Froude number，Fr)是必须满足的相似准则，对应的参数相似关系见表 8-1[5]。可以看出，对于模型而言，即除了几何相似，其质量分布(质量、转动惯量、重心位置)满足相似准则；同时，机载测量传感器、飞行控制律、舵机等也需要与全尺寸原型机满足相应的相似关系[6,7]。

153

表 8-1　风洞模型飞行试验参数相似关系（模型/原型机）

参数	比例	参数	比例
弗劳德数 $\left(\dfrac{V^2}{gl}\right)$	1	线性尺寸	N
质量 $\dfrac{m}{l^3\rho}$	1	线速度	$N^{0.5}$
惯量 $\dfrac{J}{l^5\rho}$	1	线加速度	1
推力 $\dfrac{T}{mg}$	1	角速度	$N^{-0.5}$
时间 t	$N^{0.5}$	角加速度	N^{-1}
雷诺数 Re	$N^{1.5}\upsilon$	动压	$N^{-1}\sigma$

注：σ、υ 分别表示模拟的原型机飞行高度与模型自由飞所处的风洞试验段的空气密度、动力黏性系数之比。

8.2　容错控制风洞模型飞行验证

8.2.1　容错控制风洞虚拟飞行验证平台

在中国空气动力研究与发展中心 FL-14 风洞搭建了 CRM 飞机故障虚拟飞行试验验证平台，如图 8-3 所示。CRM 飞机模型比例为 1∶40.9，由

图 8-3　FL-14 风洞虚拟飞行试验平台

第 8 章 容错控制风洞模型飞行试验

碳纤维和铝等材料制作，翼展为 1.436 m，模型基本状态质量约为 9 kg，舵面包含升降舵、方向舵和副翼。舵面通过舵机连杆进行驱动，内部装有传感器。CRM 虚拟飞行试验模型如图 8-4 所示。

图 8-4　CRM 虚拟飞行试验模型

试验采用三自由度虚拟飞行试验支撑装置，将 CRM 飞机支撑于 FL-14 风洞开口试验段，采用球铰一端与翼型支杆连接，另一端在模型内部通过连接板与模型固联，以实现三轴(ϕ、θ、ψ)自由转动。

飞行控制系统结构如图 8-5 所示。机载传感器包括惯性测量单元(测量三轴角速度)、航姿参考系统(测量俯仰、偏航和滚转姿态角)。翼吊式发动机采用两台电动涵道发动机，可以模拟单发失效情况。

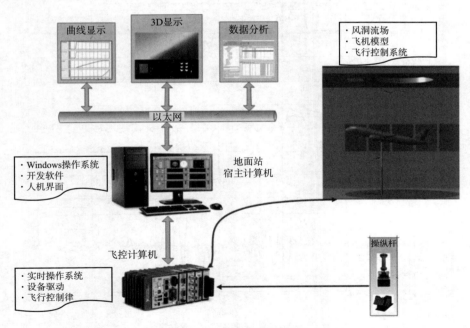

图 8-5　飞行控制系统结构

155

8.2.2　正常飞行控制律验证

针对 CRM 飞机模型，在 30 m/s 风速条件下，采用经典控制律对模型实施控制，在离线设计控制增益的基础上，在线调整控制增益，模型保持迎角为 5°的稳定平飞状态，操纵杆位移、控制面偏转角度以及模型状态响应曲线如图 8-6 所示。

彩图 8-6

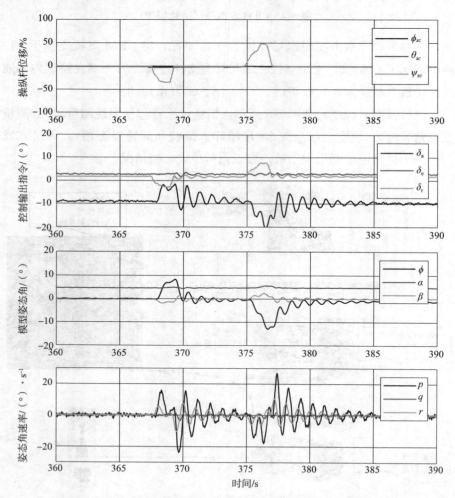

图 8-6　正常状态经典控制律控制效果曲线

由试验结果可知，采用离线设计控制增益时，模型姿态角震荡范围较大，完成在线增益优化调整之后，模型迎角控制误差在±0.5°范围内，俯仰角速率控制误差在±2°/s 范围内；模型侧滑角和滚转角控制在±1°范围内，滚转角速率和偏转角速率控制误差在±2°/s 范围内。试验结果表明，针对 CRM 飞机模型的虚拟飞行控制律设计有效，能够在三自由度条件下对模型实施姿态稳定控制。

彩图 8-7

针对 CRM 飞机模型，在 20 m/s 风速条件下，首先控制模型稳定在迎角 5°附近，然后通过激励信号观察模型的姿态响应情况。试验结果曲线如图 8-7 所示。从试验结果可知，模型各操纵面和三轴姿态响应正常。

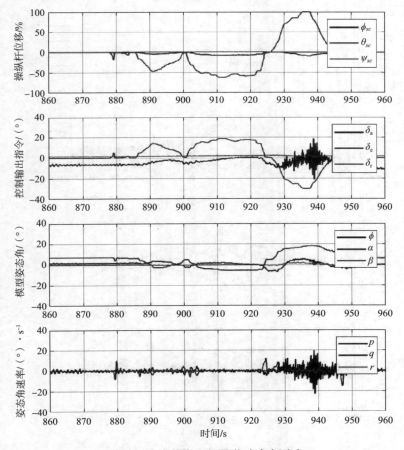

图 8-7　正常状态飞行员激励响应测试

8.2.3 故障状态飞行容错控制律验证

1. 副翼卡死状态

针对 CRM 飞机模型,在 15 m/s 风速条件下,采用容错控制律对模型实施控制,将模型稳定在迎角 5°附近,然后通过开关将副翼卡死,观察模型的姿态响应情况。试验结果曲线如图 8-8 所示。试验结果表明,采用离线设计控制增益时,副翼卡死故障后模型滚转、迎角、侧滑均发生大幅度波动(主要原因是副翼已满舵,剩余的单侧副翼操控能力不足),且在副翼

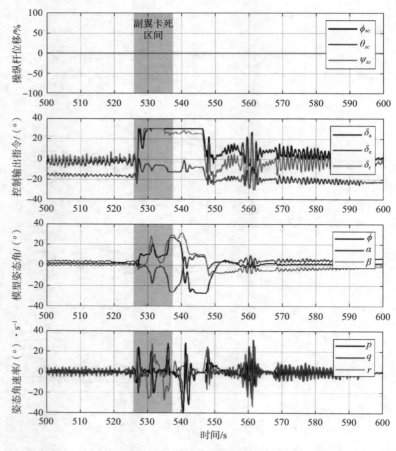

图 8-8 副翼卡死状态测试

故障消除后仍持续震荡一段时间才能重新稳定，但飞机姿态并未发散，说明飞行控制律在副翼卡死条件下起到一定的姿态增稳效果。

2. 方向舵卡死状态

针对 CRM 飞机，在 15 m/s 风速条件下，采用容错控制律对模型实施控制，将模型稳定在迎角 5°附近，然后通过开关将方向舵卡死，观察模型的姿态响应情况。试验结果曲线如图 8-9 所示。试验结果表明，采用离线设计控制增益时，方向舵卡死故障后模型滚转角和侧滑角均显著偏离原位置，但保持平稳，这说明飞行控制律在方向舵卡死条件下增稳效果良好。

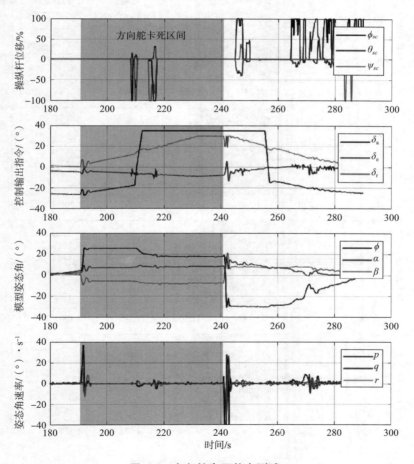

图 8-9　方向舵卡死状态测试

3. 单发停车状态

针对 CRM 飞机，在 20 m/s 风速条件下，采用容错控制律对模型实施控制，将模型稳定在迎角 5°附近，然后通过开关将机翼左边发动机停车，观察模型的姿态响应情况。试验结果曲线如图 8-10 所示。试验结果表明，采用离线设计控制增益时，单侧发动机停车后模型滚转角显著偏离原位置，但保持平稳，而迎角、侧滑角均保持稳定，说明飞行控制律在单发停车条件下姿态增稳效果良好。

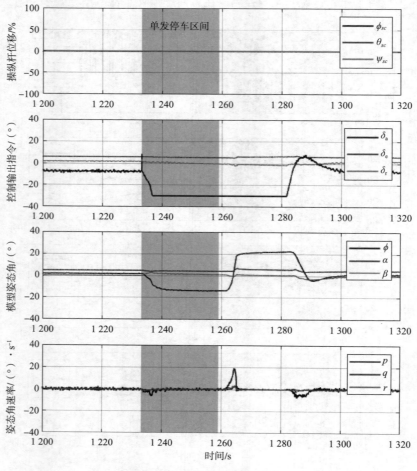

图 8-10　单发停车状态测试

参 考 文 献

[1] 卿理勋. 几种动态模型自由飞试验技术[J]. 飞行力学，1995，13(3)：18-23.

[2] 孙海生，岑飞，聂博文，等. 水平风洞模型自由飞试验技术研究现状及展望[J]. 试验流体力学，2011，25(4)：103-108.

[3] GUO L L, ZHU M H, NIE B W, et al. Initial virtual flight test for a dynamically similar aircraft model with control augmentation system[J]. Chinese Journal of Aeronautics，2017，30(2)：602-610.

[4] 岑飞，聂博文，刘志涛，等. 低速风洞带动力模型自由飞试验[J]. 航空学报，2017，38(10)：54-66.

[5] 耿玺，史志伟. 面向过失速机动的风洞动态试验相似准则探讨[J]. 试验流体力学，2011，25(3)：41-45.

[6] 陈孟钢，高金源. 缩比模型飞机及其飞控系统与原型机的相似关系[J]. 飞行力学，2003，21(2)：34-37.

[7] 刘志涛，岑飞，聂博文，等. 低速风洞模型自由飞试验飞行控制系统相似准则及模拟方法研究[J]. 空气动力学学报，2017，35（5）：693-699.

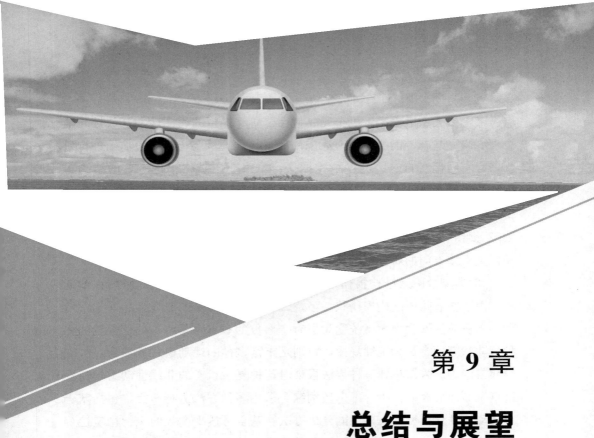

第 9 章

总结与展望

9.1 总结

如前所述,飞机操纵面发生故障或结构损伤时气动性能和操纵特性将发生较大变化,影响飞机的安全稳定飞行。研究典型操纵面故障及结构损伤条件下飞机气动特性,正确评估飞机飞行性能,利用自适应容错控制手段,可以最大限度地减小对飞行员的能力要求、最大限度地发挥飞行性能且能有效地保证系统安全。

在本书涉及的研究实例中,主要聚焦以下几个问题并取得了相应进展:

(1) 典型结构损伤的气动力模型建立问题。该问题需要分析不同部位损伤对气动力特性的影响,从而确定损伤气动力模型结构。本书研究实例综合考虑了大型运输类飞机布局典型性、研究平台的通用性和开放性，结合现有研究基础，以国际上广泛采用的通用研究模型 CRM 为基础进行研制，含不同程度的单边机翼结构损伤、单边平尾结构损伤、垂尾结构损伤。故障状态的基本静态气动数据和动导数数据通过风洞测力试验方法获得。根据不同故障情况下的飞机气动特性数据库，进行气动力建模，获得故障/损伤飞机数学模型，解决了典型结构损伤的气动力模型建立问题，使得关于该方向的研究有了具有代表性的研究对象。

(2) 典型故障及结构损伤对飞机动力学特性和飞行性能的影响评估问题。由于在故障或结构损伤状态下，气动力具有很强的非线性和非定常特性，飞机非线性动力学系统变为带时变参数的非定常系统，分析系统的各种运动状态的定量和定性规律，特别是丰富多样的运动模式和演化过程变得异常困难。采用单独一种方法很难对这种复杂状态的非线性动力学特性进行全面而可靠的分析。本书实例综合采用多种方法进行研究，包括基于小扰动线性化模型的飞行性能分析方法、基于可达平衡集的飞行稳定性分析方法、基于分岔分析与延拓算法的非线性动力学特性分析方法等，来综合获得复杂状态下飞行动力学系统的稳定性、运动模式及其演化特性等，实现对不同分析方法的适用性、分析结果的有效性进行相互对比验证，也促进对试验现象物理本质的深刻认识。

(3) 飞机故障及结构损伤后的容错控制以及控制可重构性分析问题。对于典型故障与结构损伤飞机，尤其是故障或结构损伤飞机本体不稳定的情况下，需要研究可重构性指标的计算与评价问题。在本书研究实例中，将反步法和积分滑模概念结合来设计自适应容错控制器，使飞机发生舵面损伤时，自适应容错控制器能迅速对故障进行增益补偿，使飞机在故障的情况下还能达到预期的飞行轨迹。在正常状态下 PID 控制器的基础上进行推力不对称时控制律重构技术研究，并将其分成纵向重构控制律设计和横侧向重构控制律设计。利用伪逆法设计重构控制器，在最小二乘意义上使得包括执行机构在内的飞机对象在发生故障前后保持接近的输入输出特性，从而保证整个控制系统的动态特性，使其具有适于实时应用的特点。在控制器设计过程中，设定了合适的重构性指标，根据仿真试验结果和 Lyapunov 判据理论分析，对控制系统的可重构性进行综合研判，从而解决了飞机故障后控制系统可重构性分析的问题。

(4) 容错控制算法的复杂度与实时性问题。在中国空气动力研究与发展中心 FL-14 风洞（$\phi 3.2\text{ m}$ 开口风洞）建立虚拟飞行试验系统，通过带三自由度球铰的装置支撑飞机模型，模型内部安装嵌入式飞控计算机、姿态测量传感器、舵机及无线通信设备等；操纵信号通过地面的电台无线传输至模型内部，运行于飞控计算机中的飞行控制律根据反馈状态参数及操纵信号解算出舵偏指令，指令通过串口卡发送到舵机以驱动舵面偏转，从而形成虚拟飞行系统的闭环控制，进而实现模型姿态的三轴增稳控制。利用纵向静不稳定飞机模型开展了闭环控制和操纵虚拟飞行试验，将虚拟飞行试验结果与利用风洞静动态试验数据进行非线性飞行仿真结果进行了对比，将容错控制方法通过飞行仿真和风洞虚拟飞行进行了试验验证，验证了算法的复杂度与解决实时运行的能力。

本书的研究成果有利于提高飞机飞行安全性、任务可靠性和生存力，并可用于支持以下方向的研究。

(1) 应用于飞机驾驶员智能决策辅助系统、飞行包线保护系统和飞行控制系统设计研究；掌握典型操纵面故障/损伤对飞机气动特性及飞行性能的影响，可应用于驾驶员智能决策辅助系统，提供辅助决策；根据飞机性能下降情况，进行动态包线保护，重构飞行航路，有效提高飞行安全性；优化故障情况下的自主控制重构，避免飞行失控，提升突发故障或受到武器攻击等情况下的飞机生存能力。

(2) 应用于自主任务规划和决策支持系统，克服可能面临的飞行环境变化、突发故障等各种不确定性考验，使得飞机可以在正确了解和评估自身健康状况、当前能力基础上进行正确的决策和规划，兼顾成功执行任务、生存和飞行安全等目标，满足未来飞机智能化的发展趋势和高度自主性的必然要求。

(3) 建立可靠的故障/损伤飞机气动数据库及数学模型，还可以为飞行模拟训练等仿真系统提供可靠的基础模型，实现故障模拟和评估，提高飞行仿真过程的逼真度和仿真结果的可信度。

(4)研究操纵面故障或结构损伤对飞机气动性能和操纵特性的影响,获得不同飞行任务中飞机飞行能力对不同操纵面的敏感程度,为飞机操纵面冗余度设计和容错控制律设计提供参考。

9.2 展望

9.2.1 研究局限与挑战

在本书的研究实例中,关于气动力建模、动力学分析和飞行性能评估,主要基于离线方式进行,这对于掌握飞机异常条件下的气动特性和飞行性能、评估操纵面故障/损伤状态下飞机极限可控边界、设计容错控制策略具有指导意义。但是在实际飞行过程中,操纵面故障/损伤,往往要求快速且准确地进行在线估计,即操纵面故障/损伤的在线检测与诊断。而且,操纵面出现故障/机体结构损伤后,飞机偏离常规飞行状态,传感器检测到的信息包含外界扰动和噪声干扰,这使得操纵面故障/损伤在线估计更加困难。基于操纵面故障/损伤信息,在线评估极限可控边界,对于实时确定飞行容错控制和控制律重构的控制策略设计具有重要意义。极限可控边界评估方法必须具有较高的时间效率和准确率,才能满足实际需求。因此,针对操纵面故障/结构损伤状态下的在线气动力建模、快速、准确的操纵面故障/损伤在线估计和极限可控边界评估方法的研究还面临巨大挑战。

具体而言,在飞机突发结构性故障后,飞机的稳定裕度和控制余度会随时间迅速退化。在这种非常规的情况下,飞行员和飞行控制系统需要对飞机性能变化做出快速反应,因此,必须进行飞行性能的信息更新,以快速进行动态任务重规划或紧急着陆规划,预防飞机造成飞行失控事故(图9-1)。其中一个关键的性能信息是安全飞行包线,即飞机在当前所限的控制输入范围内可以安全抵达目标区域的飞行状态集,而在这个过程中，因为结构性故障带来的气动模型和控制余度的变化，该包线/集合不再保持不变，所以必须获取新的安全飞行包线，评估飞机飞行性能，从而不仅可以提供驾驶员必要的信息，而且根据飞机性能下降情况，进行包线保护控制，在线重构导航系统，确保重构后的系统控制目标在允许的性能约束范围内。另外，分析故障后飞机所处的局部工作点的可重构性，不仅有助于自主进行正确的决策和优化控制重构性能，而且，如果能像可靠性一样提出合理的可重构性评价和设计指标，将对提高飞行控制系统的可重构性设计水平进而提高系统故障处理能力具有重要意义。因此，针对结构性故障提出合理的可重构性评价指标，能够为系统可重构性设计提供初步的思路和理论依据。

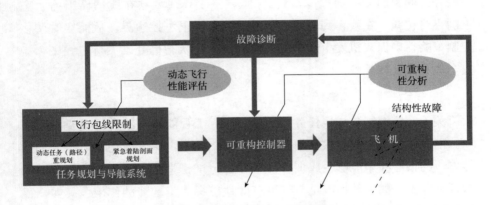

图 9-1 结构损伤飞机的控制系统框架

为了试验如图 9-1 所示的容错控制系统，有以下 3 个问题需要进一步研究解决。

1. 典型操纵面故障与结构损伤气动力模型和参数在线辨识

气动参数在线辨识是指利用飞机实时传感器数据，在飞行过程中实时辨识气动力模型参数，其能够在获得高保真度数据的基础上获得更准确的参数、跟踪参数变化、检测故障发生，使控制系统可以做出相应调整，保持系统的稳定性和飞行安全。因此，气动参数在线辨识是用于复杂外形飞机气动力建模、飞机制导控制律设计、飞机损伤下控制律重构的关键技术之一。

2. 操纵面故障/损伤极限可控边界评估

对于可控边界的在线评估,必须解决实时性和准确性问题,在线快速、准确地估计飞机当前状态下的飞行包线,这在目前仍面临诸多挑战。尤其操纵面故障/损伤状态下的飞机是一个多维非线性系统,计算飞机处于该状态下的飞行包线需要花费大量的计算资源。计算过程想要在线进行必须对系统模型进行简化,但是基于简化模型的结果准确性将会大为降低。另一种技术路径是根据操纵面故障/损伤状态下的气动模型,离线计算典型操纵面故障/损伤状态下的飞行包线,飞机在线飞行时,快速准确检测并诊断当前操纵面故障/损伤类型,基于离线数据在线估计当前状态下的飞行包线。在线得到飞行包线后,确定极限可控边界,从而实时调整控制策略,确保飞机发生故障或损伤后其飞行状态仍处于飞行包线中,能安全地完成飞行任务。

3. 智能控制与在线任务重规划

关于容错控制与在线任务重规划,与人工智能技术结合是重要发展方向。但其中仍有些深层次的问题需要解决,比如,深度强化学习等人工智能方法的核心在于能够生成训练样本并进行试错学习,需要大量的数据作为训练样本,如果数据不足,难以有效地发挥人工智能的作用;又如,智能控制、智能决策的算法设计、推理规则构建通常都要求对物理规律和数学模型十分清楚,否则会对控制、决策的效果产生不利影响。这些问题都需要在未来进一步研究和解决。

9.2.2 学习飞行技术

关于飞机故障或结构损伤情况下的容错控制问题,"学习飞行(Learn to Fly,L2F)"是一个值得关注的方向。"学习飞行"技术的核心目标是通过让飞机(尤其是非常规构型飞机)自己学会如何飞行来减少地面试验/飞行试验的时间和成本,而无需大量气动力风洞试验,直接在飞行过程中进行实时气动力建模、自学习飞行控制、在线自主导航与任务重规划，对于飞机突然遭遇故障或结构损伤情况，具备实时学习能力，尤其适合有效提升飞机的环境适应性、飞行安全性和任务可靠性。

"学习飞行"概念作为一项颠覆性航空技术由 NASA 提出，其在"变革航空概念计划"（Transformative Aeronautics Concepts Program，TACP）项目中首次提出了"学习飞行"的概念方法，其目标是改变飞机的传统开发模式。如图 9-2 所示，传统的飞机设计流程为首先通过 CFD 计算和风洞试验数据建立飞机模型，进而设计控制律，最后通过大气飞行试验对飞机气动外形和控制律进行更新迭代；而鸟类学习飞行能够根据实时状态自主调整飞行姿态和翅膀振动频率，从而达到稳定飞行高度和速度的效果，"L2F"概念受此为启发，希望能够通过飞行试验的方法，在飞行试验过程中在线建立飞机气动力模型和控制律，并根据实时分析结果对模型和控制律进行在线的更新迭代，这样不仅能够缩短飞机的研制周期，更能够在复杂情况下进行自适应、自修复飞行控制，提高飞行安全性和任务可靠性。

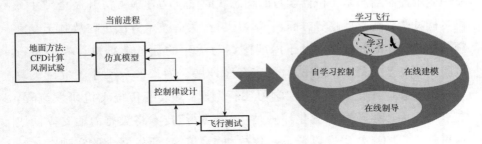

图 9-2　NASA"学习飞行"的概念

NASA 目前已完成了学习飞行概念的可行性论证，通过该阶段研究，回答了两个关键问题：一是能否在无气动力数据条件下实现实时气动力建模，然后进行自学习增稳、控制和导航？二是能否在现有硬件/计算资源环境下运行实时建模和自学习控制算法？NASA 目前阶段的研究表明该概念可行，利用当前的低端计算硬件，可以在数据采集周期 50 Hz 的飞机上实现实时全局空气动力学建模，并实现自学习控制和自主导航。

NASA 的"学习飞行"技术的核心目标是在飞机地面试验/飞行试验中以有限的训练样本、可接受的计算能力在线构建气动模型和实现自学习飞行控制，为了实现该目标，其技术路线具有以下特点。在研究方法方面，当前 NASA 的"自学习飞行"技术利用风洞试验的先验知识构建控制律参数模糊规则库，技术风险比较低，在实时自动驾驶仪的基础上验证了"学习飞行"的可行性。在此基础上，NASA 已经从快速气动力建模、自学习控制律设计方法两个关键技术入手，实现了实时全局建模和基于无模型模糊逻辑控制器的鲁棒学习控制方法。下一步，"学习飞行"技术项目可能采用深度人工智能方法探索飞机全维度包线控制器设计与全空间气动模型构建方法。在研究手段方面，NASA 首先通过航模飞行试验快速验证了"学习飞行"概念的可行性；在此基础上，在推进技术工程化研究中，主要基于风洞模型飞行试验循序渐进地探索了少样本与低计算功耗的无模型模糊逻辑控制器与快速气动力建模软件开发；其次将利用基于六自由度的无模型模糊逻辑控制器与基于机器学习的动态实时气动力建模方法开展全尺寸飞机飞行试验。在发展趋势方面，"学习飞行"关键技术方法正在从基于专家领域先验知识的弱智能向基于深度挖掘与优化的强智能推进，模型飞行试验取得初步进展，风洞试验正在有序开展，为未来全尺寸飞机试飞奠定基础。在应用前景方面，"学习飞行"技术将改变传统飞机研发流程，在三个方面产生革命性变化：一是"学习飞行"技术将极有力地支撑低成本集群飞机的高效研发以及下一代战机"系统簇"研发概念的实现；二是该技术将加速飞机研发流程，减少地面风洞试验与空中飞行试验，尤其针对多变量构型——可变旋翼飞机，试验费效比显著提高；三是通过自学习/自修复飞行控制，"学习飞行"技术有望极大地提高战机飞行安全性和任务可靠性。

虽然 NASA 验证了"学习飞行"技术概念的可行性，且提出了相应的技术路线，但是目前仍然处于起步阶段，自学习控制器属于弱学习方法，气动力建模方法拟合还不够全面。为此，下一步发展方向包括进一步扩大鲁棒自学习控制器的参数学习空间，利用深度人工智能方法全维度地训练学习控制器参数，以及利用基于强智能机器学习方法全空间地构建动态全局气动模型等，这将对大型飞机容错控制技术的发展产生深远影响。